人生哲理

枕边书

张 乐 编著

辽海出版社

图书在版编目（CIP）数据

人生哲理枕边书 / 张乐编著 . —— 沈阳：辽海出版社，2018.12
ISBN 978-7-5451-5080-3

Ⅰ.①人… Ⅱ.①张… Ⅲ.①人生哲学 – 通俗读物 Ⅳ.① B821-49

中国版本图书馆 CIP 数据核字（2018）第 300129 号

人生哲理枕边书

责任编辑：柳海松
责任校对：丁　雁
装帧设计：廖　海
开　　本：630mm×910mm
印　　张：14
字　　数：188 千字
出版时间：2019 年 3 月第 1 版
印刷时间：2019 年 3 月第 1 次印刷

出版者：辽海出版社
印刷者：北京一鑫印务有限责任公司

ISBN 978-7-5451-5080-3　　　　　定　价：68.00 元
版权所有　翻印必究

前言

哲理之于人生，就像照亮黑夜的明星、航海用的罗盘，没有它的指引，人们将永远在盲目与混乱中摸索挣扎、举步维艰，找不到正确的方向。人生哲理，年轻时不明白，也不曾想要去明白；中年时想要明白，却经常想不明白；年老时都已明白，失去的东西却已太多。人生的太多遗憾和悔恨莫过于此。因此，早一天领悟人生哲理，就早一天少走弯路、少受挫折，在人生的道路上也就走得更平稳、更顺利，从而使我们加快走向成功的步伐，早日拥有属于自己的一片蓝天。

人生哲理，早一天领悟，早一天走向成功；早一天掌握，早一天拥有幸福。一位哲人说："如果倒着活，即从80岁开始活到1岁，将有80%的人成为伟人。"很多人对此颇为认同，因为一个80岁的老者必然已经懂得和掌握了人生的种种智慧，如果可以倒着活，他就可以轻而易举地避开人生中的障碍和陷阱，明白什么是可以抓住幸福的机会，什么只是耗费光阴的诱惑，从而收获最大的幸福和成功。而假如我们在40岁、30岁，甚至在20岁的时候便已经拥有了如何使生命闪光的智慧，那么，我们就能够为自己的人生写就更精彩的辉煌篇章。

在人生的道路上，很少有平坦的捷径，往往充满着坎坷和崎岖。然而，无论在工作还是生活中，我们总会犯一些这样那样的错误，遭受一些这样那样的挫折。如何才能正确地把握人生？如何才能领会生活的真谛？如何做生活的智者？答案就是领悟并掌握人生哲理。因为哲理是无数前人成功经验和失败教训的总结，是生活智慧的结晶，是一盏盏指引我们绕开阻碍、顺利奔向理想的明灯。只有懂得并掌握了人生的智慧，我们的人生才能如鱼得水、游刃有余。它会给你安慰、给你力量，让你在人生的道路上永远立于不败之地。

每个人的生命从诞生的那一刻起，便被赋予了一个严肃的话题，那就是人生。生命从起点到终点，其间不论长短，都是一次人生的终结，但同样的"生与死"却是不一样的个体价值。或许可以这么说，生使所有人站在同一条水平线上，死却让卓越的人崭露头角。那么，究竟是什么样的力量导致我们的人生质量如此不同呢？人生的真谛究竟是什么？我们活着又是为了什么？这一切关于人生与生命的叩问，在每个夜深人静之时，在每次孤独寂寞之时，它们如同潮水般涌向每一颗思索的心灵。在一次又一次的无功而返后，在岁月的年轮不断增长时，我们终于向"人生"妥协，我们开始不去追寻人生的意义，渐渐地，在我们的心底留下了一个关于人生、关于生命的无解问题。也许这样说也不够准确，有时我们甚至又觉得它是多解的，就如同数学里的"X"这一符号，它具有无限的可能。似乎无论我们如何作答都行得通。

在人生的旅途中，每个人都难免遇到一个个难题。如果把这些难题比作人生的"坎儿"，那么本书讲述的哲理就是人生智慧的锦囊；如果把难题比作一扇扇有待开启的大门，那么本书的哲理就是一把把开启大门的钥匙。此刻我们将本书双手奉上，希望能得到读者的妥善保管、认真利用。衷心祝愿每一位获此人生"锦囊"的人都能实现自己心中的梦想，成就美满、幸福的人生。米兰·昆德拉说："生活是一张永远无法完成的草图，是一次永远无法正式上演的彩排，人们在面对抉择时完全没有判断的依据。我们既不能把它们与我们以前的生活相比，也无法使其完美之后再来度过。"

《人生哲理枕边书》汇集了古今中外对人生最具启发和指导意义的哲理，故事内容缤纷多彩，涉及成败、心态、机遇、幸福、宽容、品德、选择与放弃、细节、口才、工作、亲情、婚姻等人生的方方面面，是一部尽揽人生哲理的书，让读者在轻松的阅读中得到全面的人生启迪，学会为人处世及立足社会的必备技能，更深刻地理解和把握人生，从容地面对生活中的各种问题。本书旨在帮助读者及早了解人生百态，尽快把握人生，在未来的人生旅程中，多一些得，少一些失；多一些成，少一些败。这些凝聚着前人智慧和经验的哲理是我们受益一生的法宝。只要你领悟其中的道理，娴熟地掌握、运用，相信你一定能够成就自我，你的人生就不会留下遗憾。

目 录

第一章 世界上没有失败，只有暂时的不成功

成功无定律，要靠自己去寻找…………………………… 2
要想使人生出现转机，就要做到出新出奇……………… 3
有时动机越简单，往往就越容易成功…………………… 4
世界上没有失败，只有暂时的不成功…………………… 5
成败不是由命运和神明决定的，它取决于自己………… 6
想要取得成功，就要善于发现和抢占机会……………… 7
成功没有固定的模式，一味地模仿不可能取得大的成就……… 10
一个人若想成功，往往要经历很多惨痛的事…………… 11
只有充分了解自己，才能握住成功的手………………… 13
拥有强烈的自信，就等于成功了一半…………………… 14
无论做什么事，我们都要用心把它做好………………… 16
不要畏惧失败，要在失败中学到一些东西……………… 19
认准并发挥自己的特长，就有机会成功………………… 20
把精力集中到一个目标上，迟早会有所成就…………… 21
只要敢想敢干，你就有可能做成任何大事……………… 22
始终怀有赢的激情，必然能创造辉煌的人生…………… 23
失败也是一种资本，它可以成为我们走向成功的基石……… 24
坚持错误的方向，只会离成功越来越远………………… 26

适时撤退或放弃，有时是走向成功的捷径……………………27
一个人只要是快乐的，那么他就是成功的……………………27
只要脚步不停歇，那么失败就只是暂时的……………………28

第二章　并不是所有的成功，都会闪烁着耀眼的光芒

给自己一个坚毅的承诺，别怕为成功付出代价………………32
并不是所有的成功，都会闪烁着耀眼的光芒…………………33
任何一个细微的发现，都可能是你成功的所在………………35
从生活的需要入手，做前人没有做过的事……………………37
失败只是暂时的，真正的成功者从不言败……………………38
定出超越自我的目标，就会有超越自我的作为………………39
坦然面对挫折，坦然容忍失败…………………………………40
如果无法改变厄运，那就勇敢地接受它………………………41
只有经过奔波、历练，才能得到我们想要的东西……………44
只要还能笑，一切苦难都会过去………………………………45

第三章　成功其实很简单，就是比别人多努力一倍

做最适合自己的事情，即使笨拙的人也会成功………………48
迈出了第一步，接下去的路就好走多了………………………49
越简单越有效的方法，越容易为人们所忽视…………………50
有想象自己成功的愿望和能力，就有机会获得成功…………51
成功的秘密相当简单，就是比别人多努力一倍………………52
善于抓住"意外"和"偶然"，会意外收获成功………………53

对一个人来说，成功没有时间的限制……………………… 54
不要被失败吓跑，失败自然会跑开…………………………… 55
用付出的多少，来丈量将来可能取得成功的大小………… 56
认真做好计划中的每一步，实现目标就会水到渠成……… 58
别把困难在想象中放大，敢去做其实就很简单…………… 59
设定一个高远目标，就等于达到了目标的一部分………… 60
具有强烈使命感的人，才能最大限度地发挥自己的作用…… 62
只要善于挖掘，一个人的发展潜力是不可限量的………… 63

第四章 踩着失败走向成功

要想得到喝彩与掌声，就要付出超人的努力……………… 67
在失败面前，能否屡败屡战是取得成功的关键…………… 67
每个人都有天赋，发挥天赋是成功的秘诀………………… 69
走一条别人没有走过的路，才能成为一名开拓者………… 71
选择一条自己的路，并且要一路走好……………………… 72
信心加上行动，是实现梦想的途径………………………… 73
在一连串的挫折中，要坚守自己的使命…………………… 75
不要惧怕失败，因为失败是通往成功的铺路石…………… 77
只有善待失败，才能避免再次失败………………………… 78
不必知道有多难，无知者才能无畏………………………… 80
把一件事坚持做下去，坚持到底就会胜利………………… 81
不要半途而废，尤其是在快要成功的时候………………… 82
不计较一时的得失，才能成就大事业……………………… 83
敢于创造条件的人，才可以创造成功……………………… 84
看似不可能的事，完全可以变为可能……………………… 85

留心才能生悟，熟练才能生巧……………………………86
只要专注于一件事，年龄往往可以忽略不计……………87
无论环境如何困苦，我们都不要向它低头………………89

第五章　不要在不经意间，错过一些最重要的东西

输掉了比赛并不重要，重要的是要赢得人生……………91
生命中有很多事，需要慢慢去等……………………………92
不要在不经意间，错过一些最重要的东西…………………94
只有好好地把握住今天，才能创造美好的明天……………97
再坚持一小会儿，往往就是另一个结局……………………98
当奏响人生的乐章时，就不要停止…………………………99
经历的坎坷和磨难，是人生的一笔财富……………………99
有些看起来微不足道的人，往往才是最重要的人…………101
要想飞起来，先要有飞翔的信念……………………………102
细心观察身边发生的事情，就会有很多惊奇的发现………103
有目标的人生，才是充盈的人生……………………………104
一个小小的失误，很可能会造成毁灭性的后果……………108
一时的粗心大意，可能会毁掉别人一生的健康和幸福……109
抓住灵感的火花，把灵感进行到底…………………………110
不放过一些偶然现象，才能有"重大发现"………………113
留心生活中的需要，处处留心皆机遇………………………115
为了将来不后悔，要好好把握生命中的一切………………116

第六章　善于发现机会，学会抉择

如果总是害怕某些事，就会错过某些机会 …………… 119
有些决定要早作，迟了就会失去机会 ………………… 120
如果机会不大时，就要想办法争取机会 ……………… 121
看似平常的事，往往蕴含着不平常的道理 …………… 122
善于发现机会的人，甚至能从垃圾和废墟中发现商机 123
在不利的境况中，能寻找到有利的机会 ……………… 125
对于自己的选择，不要心存抱怨 ……………………… 126
人生没有回头路，有些事要果断地做出选择 ………… 127
自己拿主意，才不会被别人所左右 …………………… 127
要保持自己的本色，因为本色就是最美 ……………… 129
不失去自身的个性，才能从同行中脱颖而出 ………… 130
当机会来临时，把握住应该属于自己的就行了 ……… 131
要学会放弃，尤其是那些拖我们后腿的东西 ………… 132
只要我们好好把握机会，一切皆有可能 ……………… 133
对于每个生命来说，只有自己才是上帝 ……………… 134

第七章　只有去行动了，才会知道有什么样的结果

只有去行动了，才会知道有什么样的结果 …………… 138
如果你认为自己的主意很好，就去试一试 …………… 139
只有全面地了解自己，才会取得你想要的成功 ……… 141
梦终归只是梦，只有行动才能有所收获 ……………… 142
只有经历了磨难，才能抵达理想的彼岸 ……………… 143

改变你的生活目标，就会改变你的命运……………………146
有勇气打开阻隔的门，才会成为真正的英雄………………147
与其制订漫长的计划，不如立即开始行动…………………148
要想事后不后悔，该出手时就出手……………………………149

第八章　懂得生存，学会竞争

无论在任何时候，都绝不能轻易放弃生命……………………152
要想永远保住饭碗，就要不断开拓进取………………………153
改变自己会痛苦，但不改变自己会吃苦………………………154
在苦难面前自强不息，一定可以赢得成功和幸福……………155
无论何时，都要发挥自己的强项………………………………157
写下自己今天尚未完成，但明天一定得做的事………………158
不要等到死亡来临时，才想起应去做的事……………………159
斩断自己的退路，才能更好地赢得出路………………………160
刻意去模仿别人，结果只会迷失自己…………………………161
无论做什么工作，都要有一种敬业精神………………………162
认清自己的劣势，把劣势转化成优势…………………………164
一个人被别人需要，生存才显得有意义………………………165
只有活在希望中，才会看到光明………………………………166
拥有一技之长，是最好的生存方法……………………………166
诚实地按规则办事，否则生存会成问题………………………168
只顾自己的利益，反而会失去利益……………………………169
不聪明没有关系，只要每天进步一点点………………………170
不靠天不靠地，自己的事自己干………………………………172
要跑得快，还需跑得稳…………………………………………173

第九章　接受不幸不如接受挑战，相信命运不如相信自己

当产生畏难情绪时，要强迫自己坚持下去……………… 176
接受不幸不如接受挑战，相信命运不如相信自己……… 177
时间不等人，延迟决定是最大的错误…………………… 179
做事最怕没创意，有创意的东西才能引起关注………… 181
没有思想和主见，一切学识和经验都毫无价值………… 182
只有做好了充分的准备，希望才会成为现实…………… 184
认识并相信自己，才能更好地发挥潜能………………… 185
只要满怀信心地追求奇迹，奇迹就可能发生…………… 187
给自己设定目标，不断地挑战自我……………………… 189
勇于出新出奇，才会有更多成功的机会………………… 191
如果有什么阻碍前进，就设法清除掉…………………… 192
榜样的力量是无穷的，它能彻底改变一个人…………… 193
身处逆境时只要能全力以赴，时运终究会逆转………… 194
面对凶险时，最重要的是不要惊慌……………………… 195

第十章　不刻意去追逐的东西，反而更容易得到

只要顺其自然，有些东西会唾手可得…………………… 198
不要为蝇头小利而伤和气，共同努力才会得到更多…… 198
在得到一些东西之前，先要付出一些东西……………… 199
不刻意去追逐的东西，反而更容易得到………………… 201

敞开博大的胸怀，不做目光短浅、见识狭小的人…………… 202
过于注重外表，往往会上当受骗…………………………… 203
活出真实的自我，不要盲目地羡慕别人……………………… 204
采取迂回战术，可以间接地达到目的………………………… 205
事物都是相互联系的，对有些事不要不理不睬……………… 206
无论生活得如何，都要懂得自尊和尊重他人………………… 207
助人不求回报者，往往会得到更多的回馈…………………… 208
看事物的价值，要看其内在的真正的价值…………………… 209
可以在内心欣赏自己，但绝不可当众夸耀自己……………… 211

第一章
世界上没有失败,只有暂时的不成功

没有人能够永远成功,也没有人永远失败;世界上没有失败,只有暂时的不成功。所以,当我们遭遇一些挫折时,不要灰心和失望,要相信:失败只是暂时的,成功就在面前。

成功无定律，要靠自己去寻找

20世纪50年代初期，有个叫丹尼尔的年轻人，从美国西部一个偏僻的山村来到纽约。走在繁华的都市街头，啃着干硬冰冷的面包，他发誓一定要闯出一片属于自己的天空。

然而，对于没有进过大学校门的丹尼尔来说，要想在这座城市里找到一份称心如意的工作，简直比登天还难，几乎所有的公司都拒绝了他的求职请求。

就在他心灰意冷之时，他接到一家日用品公司的面试通知。他兴冲冲地去应聘，但是面对主考官有关各种商品的性能和如何使用的提问，他吞吞吐吐一句话也答不出来。说实话，摆在他眼前的许多东西他从未接触过，有的连名字都叫不出来。

眼看唯一的机会就要消失，丹尼尔在转身退出主考官办公室的一刹那，他有些不甘心地问："请问阁下，你们到底需要什么样的人才？"

主考官彼特微笑着告诉他："这很简单，我们需要能把仓库里的商品销售出去的人。"

回到住处，丹尼尔回味着主考官的话，他突然有了奇妙的感想：不管哪个地方招聘，其实都是在寻找能够帮自己解决实际问题的人。既然如此，何不主动出去，去寻找那些需要帮助的人？他想，总有一种帮助是他能够提供的。

不久，在当地的一家报纸上，刊出了一则颇为奇特的启事。文中有这样一段话：谨以我本人人生信用作担保，如果你或者贵公司遇到难处，如果你需要得到帮助，而且我也正好有这样的能力给予帮助，我一定竭力提供最优质的服务……

让丹尼尔没有料到的是，这则并不起眼的启事登出后，他接到了许多来自不同地区的求助电话和信件。

原本只想找一份适合自己的工作的丹尼尔，这时又有了更有趣的发现：老约翰为自己的花猫咪生下小猫照顾不过来而发愁，而凯茜却为自己的宝贝女儿吵着要猫咪找不到卖主而着急；

北边的一所小学急需大量鲜奶，而东边的一处牧场却奶源过剩……诸如此类的事情——呈现在他面前。

丹尼尔将这些情况整理分类，一一记录下来，然后毫无保留地告诉那些需要帮助的人。而他，也在一家需要市场推广员的公司找到了适合自己的工作。不久，一些得到他帮助的人给他寄来了汇款，以表谢意。

据此，丹尼尔灵机一动，辞职后注册了自己的信息公司，业务越做越大，他很快成为纽约最年轻的百万富翁之一。

后来，丹尼尔告诫自己的孩子：成功无定律，幸运从来不主动光顾你，要靠自己去寻找。有时候，给别人帮助的同时，其实也为自己创造了最好的成功机会。

感 悟

世上没有万能的成功公式，也没有什么万能的成功定律。"条条大路通罗马"，通往成功的路也有多条，总有一条是属于你的，但到底走哪条路，要靠自己去寻找和选择。

要想使人生出现转机，就要做到出新出奇

毛姆是英国著名作家，写下了《人性的枷锁》等著名长篇小说，他的短篇小说在世界上也非常具有影响力。

可谁知道，这位大作家在成名之前，生活却十分艰难，常常饿着肚子写作。

有一天，快到山穷水尽的毛姆来到一家报社广告部，找到主任后，结结巴巴地说："先生，请帮我一把吧，我要推销我的小说。想来想去，只能求助于报社刊登广告了。还请您帮忙，在各大报纸上都刊登。"

"各大报纸？"广告部主任瞪大了眼睛，"毛姆先生，你有钱来登广告吗？"

"有，这个广告刊登后，我的书肯定会销售一空的，你肯先帮我垫付吗？到时加倍还您。"毛姆自信地说。

面对主任一脸的迷惘，毛姆递上了自己拟好的广告词。主

任飞速地看完，立即一拍桌子："好，这主意棒极了，我帮你！"

第二天，各大报纸同时登出了一则令人注目的征婚启事："本人喜欢音乐和运动，是个年轻而有教养的百万富翁，希望能和毛姆小说中的主角完全一样的女性结婚。"

女性读者们看到这则广告，马上飞奔到书店，抢购毛姆的小说，回到家后，更是闭门苦读，让自己向小说中的女性靠拢。

男性读者也不甘落后，他们也争相阅读，他们的目的是想研究女性心理，然后对症下药，以防范自己的女友投进富翁的怀抱。

短短几天时间，毛姆的小说就被抢购一空，毛姆一举成名。他的生活终于迎来了巨大的转机。

感 悟

创新是一种智慧。一个人越有创新能力，他的观点和想法就越多，他的能力就越强，他成功的可能性就越大。要想使自己的人生出现转机，最好的办法就是做到出新出奇。

有时动机越简单，往往就越容易成功

美国有个叫杰福斯的牧童，他的工作是每天把羊群赶到牧场，并监视羊群不越过牧场的铁丝栅栏到相邻的菜园里吃菜。

有一天，小杰福斯在牧场上不知不觉地睡着了。不知过了多久，他被一阵怒骂声惊醒。只见老板怒目圆睁，大声吼道："你这个没用的东西，菜园被羊群搅得一塌糊涂，你还在这里睡大觉！"

小杰福斯吓得面如土色，不敢回话。

这件事发生后，机灵的小杰福斯就想，怎么才能使羊群不再越过铁丝栅栏呢？他发现，那片有玫瑰花的地方，并没有牢固的栅栏，但羊群从不过去，因为羊群怕玫瑰花的刺。"有了，"小杰福斯高兴地跳了起来，"如果在铁丝上加上一些刺，就可以挡住羊群了。"

于是，他先将铁丝剪成了5厘米左右的小段，然后把它结在铁丝上当刺。结好之后，他再放羊的时候，发现羊群起初也试图越过铁丝栅栏去菜园，但每次被刺疼后，都惊恐地缩了回来。被多次刺疼之后，羊群再也不敢越过栅栏了。

小杰福斯成功了。

半年后，他申请了这项专利，并获批准。后来，这种带刺的铁丝网便风行全世界。

感 悟

在做事时，有时动机越直接、越简单，目标就越明确，最后也就越容易成功。所以，在日常生活中，遇到无法解决的问题时，不要把它复杂化，只要抓住问题的关键所在，问题就很容易被解决。

世界上没有失败，只有暂时的不成功

西娅在维伦公司担任高级主管，待遇优厚。很长一段时间，她都为到底去什么地方度假而烦恼。但是情况很快就变得糟糕起来。为了应对激烈的竞争，公司开始裁员，而西娅则是被裁掉的其中一员。那一年，她43岁。

"我在学校里一直表现不错，"她向朋友说道，"但没有哪一项特别突出。后来，我开始从事市场销售。在30岁的时候，我加入了那家大公司，担任高级主管。"

"我以为一切都会很好，但在我43岁的时候，我失业了。那感觉就像有人给了我的鼻子一拳。"她接着说，"简直糟糕透了。"西娅似乎又回到了那段灰暗的日子，语气也沉重了许多。

在那段灰暗的日子里，西娅不能接受自己失业的事实。躲在家里不敢出门，因为每当看到忙碌的人们，她都会觉得自己没用，脾气也越来越大，孩子们也越来越怕她。情况似乎越来越糟糕。

但就在这时，转机出现了。一个月后，一个出版界的朋友询问她，如何向化妆业出售广告。这是她擅长的东西，她似乎

又重新找到了自己的方向：为很多的公司提供建议、出谋划策。

两年后，西娅已经拥有了自己的咨询公司。她已经不再是一个打工者，而是成为一个老板，收入自然也比以前多了很多。

"被裁员是一件糟糕的事情，但那绝对不是地狱。也许，对你自己来说，可能还是一个改变命运的机会，比如现在的我。其实，重要的是如何面对。我记得那句名言：世界上没有失败，只有暂时的不成功。"西娅总结道。

感悟

没有人能够永远成功，也没有人永远失败；世界上没有失败，只有暂时的不成功。所以，当我们遭遇一些挫折时，不要灰心和失望，要相信：失败只是暂时的，成功就在前面。

成败不是由命运和神明决定的，它取决于自己

欧洲的某个城镇又热闹起来了，这里正在举行一年一度的电单车竞赛，全球的高手都陆续涌进这个城镇。许多竞赛好手都提前两三个星期到当地训练，以适应现场的地理环境。

在众多好手中，有3个不同信仰的华侨青年。

第一个相信宿命论。有一次他在竞赛时滑倒了，无论他后来如何拼搏都无法改变失败的结果。此后，每遇比赛，一旦他不幸滑倒就会自动弃权，因为他认为那是命中注定的。他将整个竞赛的成败，寄托于冥冥之中的"命运"。

第二个青年，从小就依从父母，膜拜三国时代的关公。每逢竞赛之前，他一定跟从父母到附近唐人街的一间关帝庙去烧香，向庙内的"关老爷"（乩童）询问结果。若那名乩童点头准许他参加竞赛的话，他便会有信心去参赛，否则，便放弃。至于这次参赛，他父母亲已到关帝庙询问过了，乩童很有信心地告诉他父母，这次一定可以成功地夺取冠军，他会得到关老爷相助的。这名青年将整个竞赛的夺标机会，交给一种超自然的神秘力量。

最后一个青年，是第一次参赛，他这次的参赛目的也是为

了夺取冠军，以赢取10万美元的奖金。好让他病重的母亲到外国去治疗。他每天都勤奋地练习，跌倒了，又爬起来，他不断鼓励自己：我一定要得到冠军！我一定要！他将这场比赛的胜利掌握在自己手中。

不久，比赛开始了。一声枪响，上百名选手便往前冲去。现在，让我们将注意力放在那3个年轻人身上。

第一个青年在比赛开始后不久，因路滑跌倒，他便将单车推到路旁，很无奈地看着许多选手从他的眼前驰过。"唉，这是上天的安排，有什么办法呢！"

第二个青年因有"神"的保佑而拼命地奔驰，突然，在一个转弯处，他一不留神，发生意外，人仰车翻，不省人事。当他的父母从电视上看到这种情景时，便很生气地赶到那间庙堂去责问那个乩童。乩童刚好在睡午觉，被他们的突然登门而吵醒。"关老爷，你说保佑我的儿子平安无事，一定得冠军，你看他现在已发生了意外，你到底有没有保佑他？"那青年的母亲很生气地说。乩童揉着睡眼说："唉，我已尽力帮助你的儿子，当他要跌倒时，我也尽力赶去扶助他，但他骑的是电单车，我骑的是老马，怎么追得上呢？"

至于那第三个竞赛者，他也很拼命地奔驰。一旦跌倒了，他又赶快爬起来，忍痛继续冲刺。滚滚沙尘，炎炎烈日，均无法遮盖他那颗炽热的心。由于他将成败决定在自己手中，终于夺得了冠军。

感 悟

有许多人把成败归于命运的安排或是神明的决定，这是一种极其消极的态度。其实，成败并不是由命运和神明决定的，成功或失败只取决于自己——是否具有积极的心态，是否付出了努力。

想要取得成功，就要善于发现和抢占机会

1951年夏天，凯蒙斯·威尔逊驾驶一辆大汽车，带着全家老小开往华盛顿特区旅游观光。一路上，美丽的风光使他心旷神怡，可住宿的遭遇却让他十分恼火：客房既小又脏，水暖设备差，洗澡不方便，很少见汽车旅馆有餐厅，即使有的话，所供应的食物也很差，收费也不低，一家人合住一间客房，每个孩子还要再加收钞票。

"孩子睡在地板上还要加钱，太不应该了。"凯蒙斯对妻子抱怨道："设施齐全、服务周到的汽车旅馆居然一家都没有！"

"都是这样的，在外就将就些吧。"妻子劝慰说。

那一刻，凯蒙斯的眼睛一亮，汽车旅馆普遍差，这不是蕴含着巨大的商机吗？如果我建造一些宾馆式的汽车旅馆，不就能赚大钱吗？

他兴奋地对太太说："我打算建造许多新型的汽车旅馆，和父母同住客房的儿童，也绝不另外收取费用。我要做到人们一看到旅馆的招牌，就像到了自己的家。出外度假所宿旅馆必须舒适和方便，这正是现在汽车旅馆所缺少的。我想，我是极其平常的人，我喜欢的东西，别人也会喜欢。"

1952年8月1日，他的第一家假日酒店正式开张营业。

旅馆位于孟菲斯市萨默大街上，是汽车从东进入孟菲斯的主要通道，也是来往美国东西部的一条重要机动车道路。

在路旁，一块18米高的黄绿两色"假日酒店"的大招牌特别引人注目。到了晚上，招牌上的霓虹灯闪闪发光，更是醒目。汽车无论行驶在高速公路上的哪个方向，都能远远地一眼就望到假日酒店的招牌。凯蒙斯花费1.3万美元做了这块招牌，这块招牌让无论是成人还是小孩子都会联想到这是一个有趣的地方。

走进酒店，你会发现服务设施特别周全：走廊上备有软饮料和制冰机，旅客可以免费取用；客房里的空调让人感到十分凉爽；游泳池里清波荡漾；走几步就是餐厅，可供全家用餐，餐桌上还有特地为儿童设计的菜单；你住进酒店，工作人员会叫得出你的名字，这让你备感亲切，他们见了你就微笑——这是凯蒙斯要求他们这样做的。他说:"世界上的语言有几百种,但微笑是通用的语言。微笑不需要翻译。"旅客需要服务,马上会有人来,并且绝不收取小费;天气好的话,旅客可以在晚饭后出外散步,享受郊外的宁静感觉……而享受这一切,价格绝对便宜:单人房才收 4 美元,双人房 6 美元。凯蒙斯规定,和父母一起住的孩子,一概不另外收费。

"高级膳宿,中档收费。"凯蒙斯说,"既不完全是汽车旅馆,也不完全是宾馆,但提供它们两者都有的服务。"

旅客纷纷前来,有的旅客走进酒店,房间已经住满,服务的先生或小姐会为你和附近的旅馆联系住宿——这又是凯蒙斯发明的服务。

一炮打响,凯蒙斯马上着手建造更多的假日酒店。他采取特许经营办法,向社会出售特许经营权,从而迅速推动假日酒店在全美各地到处开花……

20 世纪 60 年代初,人们对电脑还是很陌生的。可凯蒙斯却在想,如何应用这个新的技术来为酒店服务。他有一种预感,电脑会给酒店带来许多好处。他想,为旅客预订外地假日酒店客房唯一的办法就是打长途电话,长途电话费太贵了。能不能利用电脑,为各地的假日酒店相互之间建立"快车道"呢?他委托国际商用机器公司 IBM 设计安装一套电脑系统,它可以即时找出或预订在任何地方的任何一家假日酒店的可供投宿的客房,代价是 800 万美元。

后来,那套电脑系统设计出来了,并且取得了成功。当时其他的连锁旅馆都没有这种先进设备,假日酒店一下子拥有了巨大的优势。

感悟

机会不是等来的,机会是需要被发现的,是需要被抢占的。很多人之所以能够成功,就是因为他们有敏锐的眼光,能够发现别人没有发现的机会,并能抢占机会。

成功没有固定的模式，一味地模仿不可能取得大的成就

托马斯·杰斐逊是美国第三任总统，他在给孙子的忠告里，提到了以下10点生活的原则：

1. 今天能做的事情绝对不要推到明天。
2. 自己能做的事情绝对不要麻烦别人。
3. 绝不要花还没有到手的钱。
4. 绝不要贪图便宜购买你不需要的东西。
5. 绝对不要骄傲，那比饥饿和寒冷更有害。
6. 不要贪食，吃得过少不会使人懊悔。
7. 不要做勉强的事情，只有心甘情愿才能把事情做好。
8. 对于不可能发生的事情不要庸人自扰。
9. 凡事要讲究方式方法。
10. 当你气恼时，先数到10再说话，如果还气恼，那就数到100。

约翰·丹佛是美国硅谷著名的股票经纪人，也是有名的亿万富翁，在对记者的一次答辩中，他也发表了对以上几个问题的看法。从鲜明的对比中，我们可以看出一个政治家和一个商人的截然不同。

1. 今天能做的事情如果放到明天去做，你就会发现很有趣的结果。尤其是买卖股票的时候。
2. 别人能做的事情，我绝对不自己动手去做。因为我相信，只有别人做不了的事情才值得我去做。
3. 如果可以花别人的钱来为自己赚钱，我就绝对不从自己的口袋里掏一个子儿。
4. 我经常在商品打折的时候去买很多东西，哪怕那些东西现在用不着，可是总有用得着的时候，这是一个预测功能。就像我只在股票低迷的时候买进，需要的是同样的预测功能。
5. 很多人认为我是一个狂妄自大的人，这有什么不对吗？我的父母我的朋友们在为我骄傲，我找不出我有什么理由不为自己骄傲,我做得很好,我成功了。

6. 我从来不认为节食这么无聊的话题有什么值得讨论的。哪怕是为了让我们的营养学家们高兴,我也要做出喜欢美食的样子,事实上,我的确喜欢美妙的食物,我相信大多数人有跟我一样的喜好。

7. 我常常不得不做我不喜欢的事情。我想在这个世界上,我们都没有办法完全按照自己的意愿做事。正像我的理想是一个音乐家,最后却成为一个股票经纪人。

8. 我常常预测灾难的发生,哪怕那个灾难的可能性在别人看来几乎为零。正是我的这种本能使我的公司在美国的历次金融危机中逃生。

9. 我认为只要目的确定,我就不惜代价去实现它。

10. 我从不隐瞒我的个人爱好,以及我对一个人的看法,尤其是当我气恼的时候,我一定要用大声吼叫的方式发泄出来。

感悟

不同的行业,不同的人,有不同的生活方式和做人原则。也就是说,成功没有固定的模式,一味地模仿别人的人不可能取得大的成就。所以,我们必须用合乎情理的行为方式,去探索和追求属于自己的成功。

一个人若想成功,往往要经历很多惨痛的事

安德莱耶维奇手拿报纸,坐在沙发上打盹儿。突然,有人急促地敲窗,这使安德莱耶维奇有些不知所措,因为他住在8楼,而且他这套房间是没有阳台的。起初,他只当是自己的幻觉。但是,敲窗声再次传来。陡然,窗户自动打开,窗台上显现出一个男子的身影,这人穿着长长的白衬衫。

安德莱耶维奇惊恐地暗想:"是个梦游病患者吧,他要把我怎么样?"只见那男子从窗台跳到地板上,背后有两个翅膀摆动了一下。接着,他走到沙发跟前,随便地挨着安德莱耶维奇坐下,说:"深夜来访,请您原谅。不过,这是我的工作。

有人说，我们天使逍遥自在，终日吃喝玩乐，其实那是胡言乱语。实际上，他对我任意欺压，刻薄着呢。"

安德莱耶维奇一下子没弄懂，问："这个'他'是谁呀？"天使压低声音回答："我告诉你吧，是上帝！""哦，明白了，明白了。那么，上帝或者您，找我有事儿吗？"天使说："您要知道，我是奉他的命令来找您的。我负责分配上帝所赐的东西，也就是智慧。每个人都应该分配到智慧，或多或少罢了。可是昨天我查明，我一时疏忽，您遭到了不公正的对待，也就是说，我忘了分配智慧给您。"

安德莱耶维奇怒气冲冲，从沙发上一跃而起："什么，什么！您怎么能够如此粗心大意！快把我应有的一份交给我！别人的我管不着，可我的一份，劳驾，快交给我吧。哼，难道我低人一等？"天使安慰他："我正是为此而来。我完全承认自己的过错。我尽力弥补，为您效劳。我给您送来的，不仅是智慧，而且是大智慧！"天使从怀里取出一只小塑料袋，里面五颜六色，流光溢彩。安德莱耶维奇接过小塑料袋，藏进床头柜的抽屉里，转身说："谢谢您想起了我！要不然，我就会一点智慧也没有、傻头傻脑地混一辈子了！""如今全安排好了！我真为您高兴！现在，您将享受到苦苦怀疑的幸福！""什么，什么？怎样的怀疑？"

"苦苦地怀疑。""这是为什么？非苦不可吗？""那当然。此外，您还将狠狠地摔跤，飞速地升迁？"安德莱耶维奇没听清楚："飞速地升迁？那好哇，还有什么？""狠狠地摔跤！"安德莱耶维奇警觉起来："唔，那么，还会怎么样？""您还会由于暂时不被理解的孤立而感到一种崇高的自豪。"

"暂时不被理解？您不骗人？的确是暂时的吗？""当然，暂时的！不过，这段时间可能比您的一生还长得多，但是您将经常具有一种创造的冲动！"安德莱耶维奇皱眉蹙额地说："创造的冲动？还有什么？您全爽爽快快地说出来吧，别折磨人了。""哦，还多着呢。也许，甚至要为你所抱的信念而牺牲生命，死而无憾！""一定得……得死吗？""要有充分的思想准备。这是获得人们敬仰的、万世流芳的伟大幸福。"

安德莱耶维奇沉默片刻，使劲地握握天使的手，说："哦，好吧，谢谢您，感谢之至！"等天使飞出窗户，安德莱耶维奇就从抽屉里取出小塑料袋，准备丢进垃圾通道。

转念一想，又下了楼，走进院子，找了个阴暗角落，把一塑料袋大智慧深深地埋入土中。

感悟

成功是每个人都梦寐以求的事，但一个人若想成功，往往要经历很多惨痛。这些惨痛的事包括"苦苦的怀疑""大起大落"，甚至是"失去生命"。所以，如果你想成功，那么就要做好这些心理准备。

只有充分了解自己，才能握住成功的手

龟兔经过3次赛跑，似乎皆大欢喜。可兔子还总是有些别扭和烦恼，又得了寒热病，瘫在灌木丛中，一会儿浑身冒汗，一会儿又冷得发抖，痛苦不堪。

碰巧爬来一只热衷美容的乌龟。兔子对他说："好心人……水……我头发晕，浑身无力……池塘就在附近，只有几步远！"

乌龟见状怎能拒绝这种请求？可时间一分钟一分钟地过去，兔子从早上等到了黄昏，始终没见乌龟的踪影，兔子生气地骂道："这个笨蛋！龟孙子！你在什么地方磨蹭呢？就为等你一口水……"

"你骂谁呢？"草丛微微晃动。

"你总算回来啦！"兔子喜叹道。

"还没呢，兔子。我想买辆宝马汽车送给你，你自己开车去，车就在专卖店呢。可又一想，如果总开车，兔子将来不就退化了吗，还是不送了。别急，我这就去打水。"

其实乌龟就没将兔子的请求当回事，一直由织布鸟在为他重新装修着龟壳，做着长远的规划……

过了几天，重塑形象的乌龟给狮王递上呈文，要求委以重任。

狗问乌龟："你想高攀什么职位？"

乌龟说："想当跟车的仆人。"

"这哪儿成？"狗纳闷儿，"你怎能胜任这个职务？你爬一步才前进一寸，而跟车的仆人要有飞毛腿般的奔跑能力，你真是异想天开。看来，你从没侍候过富家豪门。"

乌龟道："如今这世道，不看你是否有真才实学，只要有孝心，老天爷安排，就一定能让他们满意。"

结果呢？通过三亲六友拉"裙带"，乌龟果然当上了这个官差。这么一来，赞颂之辞漫天飞，都夸乌龟跑得快，是个了不起的奇才。

在这种社会评价下，乌龟更加自信，又产生了更宏伟的设想，于是找到了鹰王说："请教我飞翔吧！只上一堂课我就能冲上云霄，穿过大气层，翻飞在太空。在那里，我看太阳、月亮，还有成千上万的星星。我还可神速地降落，逍遥自在地掠过一个又一个城市，在短短的几天中饱览所有风光！"

鹰王嘲笑乌龟的荒唐，奉劝他知命守分，耐心地用自己的方式生存。可乌龟却固执己见，坚持要鹰王把飞翔的本领教给他。

鹰王无奈，只好抓起乌龟直飞云端，并对乌龟说："看，你怎样飞翔！"说着鹰王爪子一松，乌龟掉了下来，摔得粉身碎骨。

感 悟

在社会生活中，只有充分了解自己，才能握住成功的手。决不能因为得到一些美誉就飘飘然起来，忘记了自己是谁，有多大能耐。盲目地做超出自身实际能力的决策，最后只会把自己搞得遍体鳞伤。

拥有强烈的自信，就等于成功了一半

1926年，毕业于东京大学法律系的大村文年进入"三菱矿业"做了一名小职员。

第一章 世界上没有失败，只有暂时的不成功

当公司新人举行欢迎会时，他对那些与他同时进入公司的同事说："我将来一定要成为这家公司的总经理。"

一番豪言壮语之后，他开始了自己的长远计划。他凭借旺盛的斗志与惊人的体力，数十年如一日，孜孜不倦地工作，后来远远超过众多资深的干部与同事，在毫无派系的背景之下，完全凭借本人实力，冲破险境，终于在35年之后当上"三菱矿业"的总经理。

以三菱财阀的历史而言，未到60岁就成为直系公司的总经理是史无前例的。他的就职的确惊动了日本工商界人士，人们无不惊讶，并深感佩服。

再来看下面的这个故事。

在1949年，一个24岁的年轻人，充满自信地走进美国通用汽车公司，应聘做会计工作，他只是为了父亲曾说过的"通用汽车公司是一家经营良好的公司"，并建议他去看一看。

在应聘时，他的自信使考官印象十分深刻。当时只有一个空缺，而考官告诉他，那个职位十分艰苦难当，一个新手可能很难应付得来。但他当时只有一个念头，即进入通用汽车公司，展现他足以胜任的能力与超人的规划能力。

当考官在雇用这位年轻人之后，曾对他的秘书说："我刚刚雇用一个想成为通用汽车公司董事长的人！"

这位年轻人就是从1981时出任通用汽车董事长的罗杰·史密斯。

罗杰刚进公司的第一位朋友阿特·韦斯特回忆说："合作的一个月中，罗杰正经地告诉我，他将来要成为通用的总裁。"高度的自信，指引他要永远朝成功迈进，也是引导他经由财务阶梯登上董事长宝座的法宝。

感悟

一个自信的人，会把"不可能"3个字，变成"我能行"这3个字。谁拥有了自信，谁就成功了一半，另一半成功则是靠付诸行动。

无论做什么事，我们都要用心把它做好

第二次世界大战结束的时候，美国的国旗上只有48颗星，它代表着当时美国联邦政府的48个州。但20世纪50年代后期，2个新的州即将加入联邦政府，这样，有着50个州的美国，再用48颗星的国旗就显得很不合适了。那么谁是新国旗的设计者呢？出人意料的是，50颗星的新国旗的设计者，在当时仅仅是个17岁的高中生，他的家在俄亥俄州的兰开斯特市。

那是1958年春天的一个星期五下午，高中生罗伯特.C.赫弗特坐着校车回家。他一路上都在思考历史课老师普拉特先生布置的家庭作业。老师要求全班同学各自独立完成一个课题，这个课题要能表达他们对历史这门学科的兴趣。要求是：有可视性，有独创性。作业要在下星期一完成。做什么好呢？

罗伯特所乘坐的校车驶过兰开斯特市的闹市区时，他一眼看见了飘扬在市政厅屋顶上的美国国旗。"就是它了，我要设计一面新的国旗。"他对自己说。

当时，阿拉斯加很快就将成为美国的第四十九个州，他有一个预感，其时由共和党占统治地位的夏威夷，也一定会在不久的将来，成为美国的第五十个州。

回到家，一放下书包，罗伯特便着手设计心目中的新的美国国旗。他画出了50个小格子，每一个格子里画上一颗五角星。思路一打开，便一发不可收拾，他一口气将脑海中的图案定格于稿纸上：每行6颗星，一共有5行，另外还有4行，每行5颗星。

第二天早上，他从衣柜里找出家里备用的当时的国旗，在客厅里，用剪刀剪下了蓝底上印有48颗星的那一角。

妈妈看见罗伯特用剪刀剪国旗，着实吓了一跳。她责备罗伯特亵渎神圣的国旗。可罗伯特争辩说，这是在做学校布置的家庭作业。"妈妈，我保证，我不会把国旗给搞糟的。"罗伯特说。

罗伯特骑车到商店买来了一块蓝色的棉布，还有一些补衣服用的胶布。只要用熨斗一熨，这些胶布就会黏在棉布上。他

先用硬纸板剪好五角星，然后照着样子在胶布上画下100颗五角星，剪下来，这样，他就可以在蓝布的两面各贴上50颗星了。

本来，罗伯特打算请妈妈帮他把做好的旗面缝到那面旧国旗上，但是妈妈不愿意"胡来"。于是，罗伯特只好自己用脚踏缝纫机把这一角缝了上去，连他自己都惊讶，自己居然会无师自通地使用缝纫机。最后，他用熨斗把缝好的国旗熨烫平整。家庭作业完成了。

但结果并不像罗伯特所希望的那样能得到个"A"。老师普拉特先生仔细看了罗伯特的杰作，摇了摇头说："这不是我们真实的国旗，我们的国旗上哪来50颗星？"尽管罗伯特解释了又解释，但普拉特先生坚持只给罗伯特打个"及格"。罗伯特又气又恼，非常扫兴。他据理力争，这还是他第一次为自己的分数与老师争辩："我认为我的作业应该得到更好的分数。另一个同学做了一幅树叶粘贴画都得了'A'，我的作业为什么不能？何况我的作业还发挥了一定的想象力呢！"

普拉特先生冷静地看着罗伯特，宣布说："如果你不喜欢我给你的分数，那你自己把旗帜扛到华盛顿去，看他们能接受不？"

这正是罗伯特心中所希望做的事。他马上骑车去了当地议员沃尔特·莫勒先生的家。敲开议员的家门，罗伯特把他自己设计的、新做的国旗拿给沃尔特·莫勒先生看，并陈述了他为什么要这样设计新国旗的原因。这个稚气未脱的17岁的高中生问议员先生："您能把我设计的新国旗带到首都华盛顿去吗？如果要举行为50个州的美利坚合众国设计新国旗的比赛，议员先生，您能把这面旗帜推荐去参加比赛吗？"面对这位情绪激动的中学生，莫勒先生显得手足无措，最终答应下来。

"也许他是想赶紧把我打发走。"罗伯特后来对人讲起这事时笑着说。

在接下来的两年中，罗伯特一直怀着希望等待着。1959年1月，美国总统艾森豪威尔签署了公告，宣布阿拉斯加成为美国的第四十九个州。就像其他的州一样，按规定，代表阿拉斯

-17-

加州的这一颗星,应该在7月4日美国国庆这一天加进国旗里。但是,显而易见,49颗星的美国国旗几乎立即就要过时,因为到这一年的8月,夏威夷就将成为美国的第五十个州。这正是罗伯特所预料和期望的。

这时,罗伯特已经高中毕业了,普拉特先生给那次作业判下的可悲分数"及格"仍然记录在登记本里。罗伯特成了一家工业公司的制图员。"我设计的那幅国旗不知怎么样了?"他时常禁不住想到它。他已经听说有成千上万的国旗设计方案交了上去。国会组织了一个专门的委员会负责审查,最后选出5个方案上报给艾森豪威尔总统。

到了那年6月份的时候,一天,罗伯特正在公司的制图室工作,一位秘书上气不接下气地跑来叫他:"有你的电话,是一位国会议员打来的,快去接。"

是莫勒先生,罗伯特一下子就听出了他的声音。"孩子,我为你骄傲,艾森豪威尔总统选择了你的新国旗设计方案。祝贺你!"

罗伯特高兴得跳了起来。他买了机票飞到华盛顿,为的是亲眼去看看自己设计的新国旗被人们挂起来的样子。这是它第一次高高地飘扬在国会大厦的房顶上!那时,虽然还有成千上万的人也提出了类似的设计,但是罗伯特的方案是最先交上去的,而且,它不仅仅是一个草图,它是一面真实的旗帜。这正是罗伯特的方案胜出的优越条件。从此,罗伯特设计的美国新国旗便成了这个国家正式的国旗,它很快插遍全美各地;它在每一个州的议会大厦上高高飘扬;也遍插了美国驻世界各国大使馆的屋顶。

感 悟

机遇无时无刻不在我们的周围,我们千万不能因一时疏忽或别人的阻挠而关闭了迎接它的窗和门。无论做什么事,我们都要用心把它做好,或许一个微不足道的小举动,就可能创造出奇迹。

不要畏惧失败，要在失败中学到一些东西

1906年11月，本田宗一郎出生在日本荒僻的兵库县的一个贫穷家庭。由于家庭贫穷，9个孩子中有5个因营养不良而夭折。

他家离索尼公司创始人盛田昭夫的家不远。盛田昭夫出生在一个拥有一个网球场的优裕家庭，而本田宗一郎却是一个修理自行车的穷铁匠的儿子。这种早期环境的影响对本田宗一郎很有好处。

本田宗一郎在上学的时候非常喜欢逃课，这让他的父亲伤透了脑筋。用本田宗一郎自己的话说："那种正规的教育真是让人厌恶！"但是，对于学校的实验课，他却非常喜欢，所以他经常逃课去别的班级上他们的实验课。早期的这种富于探索的精神，为他以后的事业奠定了良好的基础。

后来，本田宗一郎创立了自己的摩托车制造公司。当时摩托车行业已经快要趋于饱和了，但是他没有畏惧，依然硬着脑袋挤了进去。在5年内，他打败了250个竞争对手，实现了儿时的制造更先进的摩托车的梦想。当然，这期间他经历了一系列失败。

当本田宗一郎成功的时候，他说："回首我的工作，我感到我除了错误、一系列失败、一系列后悔外什么也没有做。但是有一点使我很自豪，虽然我接连犯错误，但这些错误和失败都不是同一原因造成的。这使我在失败中学到了很多东西。"

本田宗一郎总结道："企业家必须善于瞄准不可能的目标和拥有失败的自由。"这句话言简意赅地阐明了做大事的人所必须拥有的心态，对很多人产生了深远的影响。

感 悟

人生没有一帆风顺的，都要经历一些挫折和失败。挫折和失败并不可怕，可怕的是因为挫折和失败而放弃对成功的追求。只有那些把挫折和失败当成动因并能从中学到

一些东西的人，才会接近成功。

认准并发挥自己的特长，就有机会成功

有这样一个关于军人和拿破仑·希尔的故事。

多年以前，一个年轻的退伍军人来找成功学大师拿破仑·希尔。

这位军人想要找一份工作，但是他觉得很茫然也很沮丧：只希望能养活自己，并且找到一个栖身之处就够了。他黯然的眼神告诉希尔，哀莫大于心死。这一个年轻人本来前途大有可为，但却胸无大志。希尔非常清楚，是否能够赚取财富，都在他的一念之间。

于是希尔问他："你想不想成为千万富翁？赚大钱轻而易举，你为什么只求卑微地过日子？"

他回答："不要开玩笑了，我肚子饿，需要一份工作。"

希尔说，"我不是在开玩笑，我非常认真。你只要运用现有的资产，就能够赚到几百万元。"

"资产？什么意思？"他问，"我除了穿在身上的衣服之外，什么都没有。"

从谈话之中，希尔逐渐了解到，这个年轻人在从军之前，曾经担任富勒·布拉许的业务员，在军中他也学得一手好厨艺。换句话说，除了健康的身体、积极的进取心，他所拥有的资产，还包括烹调的手艺及销售的技能。

当然，推销或烹饪并无法使一个人晋身百万富翁，但是这个退役军人找到了自己的方向，许多机会就会呈现在眼前。

希尔和他谈了两个小时，看到他从深陷绝望的深渊中，变成积极的思考者。一个灵感鼓舞了他："你为什么不运用销售的技巧，说服家庭主妇，邀请邻居来家里吃便饭，然后把烹调的器具卖给他们？"

希尔借给他足够的钱，买一些像样的衣服及第一套烹调器具，然后放手让他去做。

第一个星期,他卖出铝制的烹调器具,赚了100美金。第二个星期他的收入加倍。然后他开始训练业务员,帮他销售同样式的成套烹调器具。

过了4年以后,他每年的收入都在100万元以上,他还自行设厂生产。

感 悟

很多人对自己没有信心,认为自己没有成功的机会。其实,我们每个人都有自己的一技之长,找到并发挥其能力,就有机会获得成功。

把精力集中到一个目标上,迟早会有所成就

拉马克于1744年8月1日生在法国的毕加底,他是兄弟姐妹11人中最小的一个,也最受父母宠爱。拉马克的父亲希望他长大后当个牧师,送他到神学院读书。

后来,由于德法战争爆发,拉马克当了兵,因病退伍后,他爱上了气象学,想自学当个气象学家,于是整天仰首望着多变的天空。

再后来,拉马克在银行里找到了工作,想当个金融家。

很快的,拉马克又爱上了音乐,整天拉小提琴,想成为一个音乐家。

这时,他的一位哥哥劝他当医生,拉马克学医4年,可是对医学没有多大兴趣。

正在这时,24岁的拉马克在植物园散步时遇上了法国著名的思想家、哲学家、文学家卢梭,卢梭很喜欢拉马克,常带他到自己的研究室里去。在那里这位"南思北想"的青年深深地被科学迷住了。

从此,拉马克花了整整11年的时间,系统地研究了植物学,写出了名著《法国植物志》。拉马克35岁时,当上了法国植物标本馆的管理员,又花了15年,研究植物学。当拉马克50岁的时候,开始研究动物学。此后,他为动物学花了35年时间。

也就是说，拉马克在 24 岁以前，虽然做过很多事，但一无所成。从 24 岁起，他集中精力，目标专一，用了 26 年时间研究植物学，35 年时间研究动物学，于是，拉马克成了一位著名的博物学家。

感 悟

卡莱尔说："即使是最弱的人，只要集中其精力于单一目标，也能有所成就；反之，最强的人，分心于太多的事务，可能一无所成。"一个人的精力是有限的，目标太多，往往什么事都做不好，所以，目标要专一才能有收获。

只要敢想敢干，你就有可能做成任何大事

一位黑人母亲带女儿到伯明翰买衣服。一位白人女店员挡住黑人的女儿，不让她进试衣间试穿，傲慢地说："此试衣间只有白人才能用，你们只能去储藏室里一间专供黑人用的试衣间。"可母亲根本不理睬，她冷冰冰地对女店员说："我女儿今天如果不能进这间试衣间，我就换一家店购衣！"女店员为留住生意，只好让她们进了这间试衣间，自己则站在门口望风，生怕有人看到。那情那景，让女儿感触良深。

又一次，女儿在一家店里摸了摸帽子而受到白人店员的训斥，这位母亲再次挺身而出："请不要这样对我的女儿说话。"然后，她对女儿说："康蒂，你现在把这店里的每一顶帽子都摸一下吧。"女儿快乐地按母亲的吩咐，真把每顶自己喜爱的帽子都摸了一遍，那个女店员只能站在一旁干瞪眼。

对这些歧视和不公，母亲对女儿说："记住，孩子，这一切都会改变的。这种不公正不是你的错，你的肤色和你的家庭是你不可分割的一部分，这无法改变也没有什么不对。要改变自己低下的社会地位，只有做得比别人好、更好，你才会有机会。"

从那一刻起，不卑不屈成了女儿受用一生的财富。她坚信只有教育才能让自己获得知识，做得比别人更好；教育不仅是她自身完善的手段，还是她捍卫自尊和超越平凡的武器！

后来，这位出生在亚拉巴马伯明翰种族隔离区的黑丫头，荣登"福布斯"杂志"2004年全世界最有权势女人"宝座，她就是美国国务卿赖斯。

赖斯回忆说："母亲对我说，康蒂，你的人生目标不是从'白人专用'的店里买到汉堡包，而是，只要你想并且为之奋斗，你就有可能做成任何大事。"

感 悟

很多时候，现实是无奈的，有很多东西我们无法选择，但我们却可以选择奋斗。虽然歧视和不公制造了灰暗，但同时也催生了奋斗。所以，只要我们充满自信并挺直脊梁，就没有人能让我们自惭形秽。

始终怀有赢的激情，必然能创造辉煌的人生

世界传媒巨子雷石东始终怀有一种赢的激情。

1923年，雷石东出生在美国波士顿一个清贫的犹太人家庭，17岁就读于美国哈佛大学，20岁被选拔服役，从事破译日军电报密码工作。31岁时，他放弃了给他带来丰厚收入的律师事务所，开始了第一次创业，经营"国家娱乐有限公司"。几十年后，他积累了5亿美元的财富。

然而，不幸的事情发生了。1979年，雷石东在参加华纳兄弟公司的一个聚会时，在酒店遭遇了一场火灾。火灾中，他身体45%的皮肤都被大火烧毁，右手腕也几乎脱离了身体。对于一个56岁的人而言，生存成了一个严峻的问题。

然而，雷石东凭借自己那种赢的激情和坚忍不拔的意志，与死神展开了激烈的搏斗，并最终取得了胜利，度过了生命中最艰难的岁月。56岁的雷石东就像凤凰涅槃，浴火重生，并让生命散发出更为夺目的光彩。

63岁时，他二次创业收购维亚康姆公司；70岁时，收购派拉蒙电影公司；76岁时，收购哥伦比亚广播公司；78岁时，被《福布斯》评为全球排行第十八位的富豪；2005年，82岁的

他还管理着全球最大的传媒娱乐公司,并且正积极进军中国传媒市场,为事业发展再创高峰。

谈起那场几乎吞噬他生命的大火,他说:"我个人的信念并没有因为这场大火而发生任何变化,我的价值观与发生大火前没有什么不同。无论在高中、大学、法学院学习,还是后来建立自己的媒体王国,我的价值观始终不曾改变。我始终怀有赢的激情,这种激情体现了我生命的全部意义。"

感 悟

激情是战胜所有困难的强大力量,它能使我们的头脑变得灵活,能使我们的意志变得坚强。赢的激情更是一种强大的潜在的力量,始终怀有赢的激情,必然能创造辉煌的人生。

失败也是一种资本,它可以成为我们走向成功的基石

在外人看来,一个绰号叫斯帕奇的小男孩在学校里的日子应该是难以忍受的。他读小学时各门功课常常亮红灯。到了中学,他的物理成绩通常都是零分,他成了所在学校有史以来物理成绩最糟糕的学生。

斯帕奇在拉丁语、代数以及英语等科目上的表现同样惨不忍睹,体育也不见得好多少。虽然他参加了学校的高尔夫球队,但在赛季唯一一次重要比赛中,他输得干净利落。即使是在随后为失败者举行的安慰赛中,他的表现也一塌糊涂。

在自己的整个成长时期,斯帕奇笨嘴拙舌,社交场合从来就不见他的人影。这并不是说,其他人都不喜欢他或讨厌他。事实是,在人家眼里,他这个人压根儿就不存在。如果有哪位同学在学校外主动向他问候一声,他会受宠若惊并感动不已。

他跟女孩子约会时会是怎样的情形,大概只有天才知道。因为斯帕奇从来没有邀请哪个女孩子一起出去玩过,他太害羞了,生怕被人拒绝。

斯帕奇似乎是个无可救药的失败者。每个认识他的人都知

道这一点，他本人也清清楚楚，然而他对自己的表现似乎并不十分在乎。从小到大，他只在乎一件事情——画画。

他深信自己拥有不凡的绘画才能，并为自己的作品深感自豪。但是，除了他本人以外，他的那些涂鸦之作从来没有其他人看得上眼。上中学时，他向毕业年刊的编辑提交了几幅漫画，但最终一幅也没被采纳。尽管有多次被退稿的痛苦经历，斯帕奇从未对自己的画画才能失去信心，他决心今后成为一名职业的漫画家。

到了中学毕业那年，斯帕奇向当时的沃尔特·迪士尼公司写了一封自荐信。该公司让他把自己的漫画作品寄来看看，同时规定了漫画的主题。于是，斯帕奇开始为自己的前途奋斗。他投入了巨大的精力与时间，以一丝不苟的态度完成了许多幅漫画。然而，漫画作品寄出后却如石沉大海，最终迪士尼公司没有录用他——失败者再一次遭遇了失败。

生活对斯帕奇来说只有黑夜。走投无路之际，他尝试着用画笔来描绘自己平淡无奇的人生经历。他以漫画语言讲述了自己灰暗的童年、不争气的青少年时光——一个学业糟糕的不及格生、一个屡遭退稿的所谓艺术家、一个没人注意的失败者。他的画也融入了自己多年来对画画的执着追求和对生活的真实体验。

连他自己都没想到，他所塑造的漫画角色一炮走红，连环漫画《花生》很快就风靡全世界。从他的画笔下走出了一个名叫查理·布朗的小男孩，这也是一名失败者：他的风筝从来就没有飞起来过，他也从来没踢好过一场足球赛，他的朋友一向叫他"木头脑袋"。

熟悉斯帕奇的人都知道，这正是漫画作者本人——日后成为大名鼎鼎漫画家的查尔斯·舒尔茨早年平庸生活的真实写照。

感 悟

失败并不可怕，可怕的是在失败之后失去继续奋斗的信心和意志。有时，失败的经历也是一种资本，它可以成为我们走向成功的基石。所以，一个人要想成功，就要有屡败屡战的勇气,要对未来充满必胜的信心。

坚持错误的方向,只会离成功越来越远

有一个落魄潦倒的穷画家,一直坚持着自己的理想,除了画画之外,不愿从事其他的工作。

而他画出来的作品,一张也卖不出去,搞得一日三餐总是没有着落,幸好街角餐厅的老板心地很好,总是让他赊欠每天吃饭的餐费,穷画家也就天天到这家餐厅来用餐。

一天,穷画家在餐厅里吃饭,突然间灵感泉涌,不顾三七二十一,拿起桌上洁白的餐巾,用随身携带的画笔,蘸着餐桌上的酱油、番茄酱等各式调味料,当场作起画来。餐厅的老板也不制止他,反倒趁着店内客人不多的时候,站在画家身后,专心地看着他画画。

过了好一会儿,画家终于完成他的作品,他拿着餐巾左盼右顾,摇头晃脑地欣赏着自己的杰作,深觉这是有生以来画得最好的一幅作品。

餐厅老板这时开口道:"嗨!你可不可以把这幅作品给我?我打算把你所积欠的饭钱一笔勾销,就当作是买你这幅画的费用,你看这样好不好啊?"

穷画家感动莫名,惊异道:"什么?连你也看得出来我这幅画的价值?啊!看来,我真的是离成功不远了。"

餐厅老板连忙道:"不!请你不要误会,事情是这样子的,我有一个儿子,他也像你一样,成天只想着要当一个画家。我之所以要买这幅画,是想把它挂起来,好时时刻刻警惕我的孩子,千万不要落到像你这样的下场。"

感 悟

一个人要想成功,在其奋斗目标切实可行的前提之下,必须要有不达目的誓不罢休的精神。但如果固执地坚持错误的方向,而且始终都不愿修正,那么非但不会成功,反而会离成功越来越远。

适时撤退或放弃，有时是走向成功的捷径

有人向一位企业家讨教他成功的秘诀。企业家毫不犹豫地说："第一是坚持，第二是坚持，第三还是坚持，第四是放弃。"人们不解，作为一个成功的企业家怎么可以轻言放弃？

企业家说："该放弃的时候就要放弃。如果你确实努力再努力了，还不成功的话，那就不是你努力不够的原因，恐怕是努力的方向以及你的才能是否匹配的事情了。这时候最明智的选择就是赶快放弃，及时调整，及时调头，寻找新的努力方向，千万不要在一棵树上吊死。"

据说，乾隆皇帝曾经在殿试的时候给举子们出了一个上联"烟锁池塘柳"，要求对下联。一个举子想了一下就直接回答说对不上来，另外的举子们还都在苦思冥想时，乾隆皇帝就直接点了那个回答说"对不上来"的举子为状元。因为这个上联的5个字以"金木水火土"五行为偏旁，几乎可以说是绝对，第一个说放弃的考生肯定思维敏捷，很快就看出了其中的难度，而敢于说放弃，又说明他有自知之明，不愿意把时间浪费在几乎不可能的事情上。

"童话大王"郑渊洁曾经说过："每个人都有自己的最佳才能区，除非他是白痴，要拿自己的长处和别人的短处竞争，打得过就打，打不过就跑。"

感 悟

聪明的人不会作无谓的浪费和牺牲，因为他们知道，虽然做什么事都需要努力，但如果自己付出了足够的汗水仍取胜无望的话，就要及时调整战略，或撤退或放弃。明智地选择放弃，有时是走向成功的捷径。

一个人只要是快乐的，那么他就是成功的

一位少年梦想成为帕格尼尼那样的小提琴演奏家。他一有空闲就练琴，练得心醉神痴，走火入魔，却进步甚微，连父母

都觉得这可怜的孩子拉得实在太蹩脚了，完全没有音乐天赋，但又怕讲出真话会伤害少年的自尊心。

有一天，少年去请教一位老琴师，老琴师说："孩子，你先拉一支曲子给我听听。"少年拉了帕格尼尼24首练习曲中的第三首，简直破绽百出。一曲终了，老琴师问少年："你为什么特别喜欢拉小提琴？"少年说："我想成功，我想成为帕格尼尼那样伟大的小提琴演奏家。"老琴师又问道："你快乐吗？"少年回答："我非常快乐。"老琴师把少年带到自家的花园里，对他说："孩子，你非常快乐，这说明你已经成功了，又何必非要成为帕格尼尼那样伟大的小提琴演奏家不可？在我看来，快乐本身就是成功。"

少年听了琴师的话，深受触动，他终于明白过来，快乐是世间成本最低、风险也最低的成功，却能给人真实的受用。倘若舍此而别求，就很可能会陷入失望、怅惘和郁闷的沼泽。少年心头的那团狂热之火从此冷静下来，他仍然常拉小提琴，但不再受困于帕格尼尼的梦想。

这位少年就是阿尔伯特·爱因斯坦。他一生仍然喜欢小提琴，拉得十分蹩脚，却能自得其乐。

感 悟

成功绝不仅仅指在事业上大有建树，名利双收。快乐即是成功。那些在现实生活中身心愉悦地生活着，活出了全部趣味的人，他们虽与功成名就不怎么沾边，但他们很快乐，我们同样也应该认为他们很成功。

只要脚步不停歇，那么失败就只是暂时的

犹太女作家内丁·戈迪默，无疑是犹太民族的骄傲。她是25年来第一位获诺贝尔文学奖的女作家，也是诺贝尔文学奖设立以来的第七位女性获奖者。然而，这份荣誉是她用40年的心血和汗水浇铸的，这当中，她多次面临困厄与失败，但她从不沉沦，毫不气馁。

第一章　世界上没有失败，只有暂时的不成功

戈迪默于1923年出生在约翰内斯堡附近的小镇——斯普林斯村。她的父亲是犹太珠宝商，母亲是英国人，富裕的家庭生活，造就了小戈迪默无限的憧憬和遐想。

6岁那年，她做起了当一位芭蕾舞演员的梦，舞蹈生涯最能淋漓尽致地表现人的修养和思想情感，也许这就是她追求的事业。于是，她报了名，加入了小芭蕾剧团的行列。事与愿违，由于体质太弱，她对大活动量的舞蹈并不适应，时不时一些小病小灾纠缠着她，小戈迪默被迫放弃了对这项事业的追求。

遗憾之余，这位倔强的女性暗暗发誓：条条大道通罗马，我终究要找到适合自己的成功之路。然而，命运不但没有赐福给她，反而把她逼上越发痛苦的深渊。

8岁时，她又因患病离开了学校，中断了学业，只好终日与书为伴了。一个偶然的机会，戈迪默发现了斯普林斯图书馆，此后，她一头扎进了这家图书馆，整日泡在书堆里，尽情而贪婪地吮吸着知识的营养。终于，她那嫩弱的小手拿起了笔，一股股似喷泉一样的情感流淌在了白纸上。那年，她刚刚9岁，文学生涯就此开头。15岁时，她的第一篇小说在当地一家文学杂志上发表了。

1953年，戈迪默的第一部长篇小说《说谎的日子》问世。优美的笔调，深刻的思想内涵，轰动了当时的文坛。戏剧界、文学界几乎同时将关注的目光投向了这位非同一般的女作家——内丁·戈迪默。像一匹脱缰的野马，戈迪默的创作一发不可收拾。漫长的创作生涯，她相继写出10部长篇小说和200篇短篇小说。多产伴着上等的质量，使她连连获奖：1961年，她的《星期五的足迹》获英国史密斯奖；1974年，她又获得了英国的文学奖。

创作上的黄金季节，使戈迪默越发勤奋刻苦。她说："我要用心浸泡笔端，讴歌黑人生活。"满腔的热忱很快就得到回报，她的《对体面的追求》一出版，就成为成名之作，受到了瑞典文学院的注意。接着，她创作的《没落的资产阶级世界》

《陌生人的世界》和《上宾》等佳作,轻而易举地打入诺贝尔文学奖评选的角逐圈。然而,虽然几次都获诺贝尔文学奖提名,但每次都因种种原因而未能得奖。

面对打击,这位女性若有所失。但是,失败并没有阻碍她向前的脚步,更没有影响到她对事业的追求,她继续努力着、奋斗着,一刻也没放松文学创作。终于,在1991年时,她从荆棘中闯出了一条成功的路,如愿以偿地获得了诺贝尔文学奖。

感 悟

失败只是一种暂时的状态,是人生道路上的一道障碍,成功的脚步不因此而停留。只有跨过了这道障碍,成功之花才会绽放。

第二章

并不是所有的成功，都会闪烁着耀眼的光芒

人生难免遭受挫折和不幸，没有谁会一辈子一帆风顺。真正的成功者很明白这一点，他们是从不言败的，失败对于他们来说只是暂时的失利，他们会继续努力，直到赢回来。相反，如果一个人在失败后没有再次奋斗的勇气，那他就是真的输了。

给自己一个坚毅的承诺，别怕为成功付出代价

蕾顿并非生就一副典型的体操选手体态，她并不优雅，也没有芭蕾舞者的柔美动作。她仅有145厘米高，有一副结实而强壮的体格，看来更像一位短跑选手，而不是一位具有潜力的体操明星。

由于她对自己许下承诺，因此她不怕为成功付出代价。她曾说："我知道自己在地板运动、旋转及芭蕾动作上，看起来并不优雅，但我是名优秀的短跑者，我有无穷的动能及爆发力。所以，我能够做其他女孩做不到的事。"14岁时，她便是弗吉尼亚州的冠军，且在世界性的体操竞赛中夺魁。小小年纪，却有超龄的成熟，她已了解她要追求更高的目标。

"我需要有人在背后推动我，"她说，"我需要与其他志同道合的女孩，共同奋斗。"当大部分青少年仍处在胡思乱想的阶段，丝毫不知承诺为何物时，蕾顿已为她的目标付出了极大的牺牲。她远离舒适的家，搬到休斯敦，住在一位陌生人的家里，只为了有机会受教于一位世界顶尖且要求最严格的体操教练卡洛莉女士。

当其他孩子花时间在看电视、电影，与朋友闲聊，或去旅行郊游的时候，她已每周受训7天，每天4个小时。卡洛莉矫正了蕾顿8年来习以为常的所有习惯，从翻滚的方式，到每日的饮食。当奥运会日期日益迫近时，蕾顿如此描述她的一天："8点钟热身运动，然后上学。放学再回到体育馆练习4个小时，接着做功课，然后是上床睡觉。"很苦？当然。有趣吗？未必。那何必呢？因为胜利者所孜孜钻研的事，其他人甚至未曾想过要去尝试。她可能并不喜欢每日枯燥的训练，但是她热爱体操，热爱她的梦想，也就乐于接受挑战。

然而，就在夏季奥运会开始前几周，她的右膝突然动弹不得。裂开的软骨碎片松落，嵌入膝关节中。手术后不到10天，她又回到体操馆，做全套的赛前练习。时间迫在眉睫，不容拖延，

所剩下的时间仅足以做最后冲刺。她已准备多年,不能让成果如此付诸东流。坚毅的承诺使她坚持到底。

大赛中的最后一个项目——跳跃动作,蕾顿需要 9.95 分,几近满分的成绩,才能与罗马尼亚最有希望夺得金牌的选手打平。记者如此描述她所做的努力:"她轻轻助跑至起跳线,跃然而起,在高空中旋转,像一条铅棒一般落下,纹丝不动,却轻柔得犹如一只春天的蝴蝶。"

她得到完美的 10 分,最高境界。但使所有观众、裁判及其他选手惊讶万分,又感到肃然起敬的是,她竟然要求第二次试跳。令人无法置信,其结果仍然一样,完美的 10 分!但是蕾顿丝毫不感到惊讶,她已有心理准备站在胜利者的舞台上,因为她深知她已付出代价。

感 悟

没有谁会随随便便成功,任何人的成功都是建立在付出基础之上的。当一个人能够专注于自己的梦想的时候,他就会变得坚毅执着。也只有在这种情况下,他才不怕为成功付出代价,他才能做到别人做不到的事情。

并不是所有的成功,都会闪烁着耀眼的光芒

1867 年,玛丽诞生于波兰首都华沙。她的父亲是中学的数学和物理教员,母亲当过小学校长。玛丽从小就爱好科学,父亲房间里放着的物理仪器、矿物标本等,都引起了她的兴趣。

1890 年,玛丽带着积攒下来的钱,只身来到法国,进入巴黎大学理学院读书。

在巴黎求学的 4 年里,玛丽以非同凡响的毅力过着一种贫寒却高尚的生活。她克服了常人难以想象的困难。在漫长的冬季,住在顶层阁楼中的玛丽因寒冷而无法入睡,她便从箱子里取出所有的衣服穿在身上或盖在被子上,有时她甚至把椅子拉过来压在被子上取暖。对科学知识无止境的追求,使她忘记物质上的困窘,她似乎被一种神奇的力量驱使着,在科学的海洋里漫游,

不知疲倦，永不停歇。为了实现自己的抱负，她放弃一般年轻女子的快乐享受，过着与世隔绝的枯燥生活，萦绕在她头脑中的只有学习和工作。她对自己的要求始终很高，她不满足一个物理学硕士的学位，她还要争取获得数学硕士学位，她不断地鞭策自己在科学研究的道路上奋勇向前。就是凭着这种坚韧不拔、永远进取的顽强精神，才使她在科学领域里逐渐显露头角，并且最终成为一颗耀眼的明星。

1895年，玛丽和居里结婚。以后，人们才开始称玛丽为居里夫人。后来，她第一次发现并提取了放射性元素——镭。

居里夫人的工作条件是比较艰苦的，设备也是相当简陋的。在提取和寻找镭的过程中，居里夫人常常把成袋子的沥青矿渣往她的"实验室"里搬，把它们倒在一口大铁锅里，用粗棍子搅拌。

因为居里夫人当时只是理论上的推测，并没有什么办法去证明新元素镭，所以巴黎大学的董事会拒绝为她提供她所需要的实验室、实验设备和助理员，她只能在校内一个无人使用的四面透风漏雨的破旧大棚子里进行实验。她工作了4年，最初两年做的是粗笨的化工厂的活，不断地溶解分离。经过1000多个日夜的辛苦工作，8吨小山一样的矿渣最后只剩下小器皿中的一点液体，再过一会儿将结晶成一小块晶体，那就是新元素镭！

当她满怀希望抑制住激烈跳动的心朝那只小玻璃器皿中看时，她看到4年的汗水和8吨的沥青矿渣最后的结果只是一团污迹！假如换了别人，也许会很生气、发火，然后把那个小器皿连同里面的那团污迹摔得粉碎！但是居里夫人没有，幸亏没有。

居里夫人疲倦地回到家，晚上她躺在床上，还在想着那团污迹，想找出失败的原因："为什么只是一团污迹，而不是一小块白色或无色晶体呢？那才是我们想要的镭。"居里夫人像是对自己又像是对居里说着。突然，她眼睛一亮：也许镭就是那个样子，不像预测的那样是一团晶体。居里夫人决定再去看个究竟。她从门缝里看到了自己伟大的"发现"：器皿里那团不起眼的污迹，此时在黑夜中正发出耀眼的光芒。

第二章　并不是所有的成功，都会闪烁着耀眼的光芒

这就是镭——一种具有极强放射性的、新发现的元素！

感　悟

有些人总是和成功失之交臂，那是他们轻易放弃的结果，或者是他们把成功的结果想象得太过美好。并不是所有的成功都会闪烁着耀眼的光芒，有时候，我们所梦寐以求的成功可能只是一个毫不起眼的东西，但那却是我们所要的。

任何一个细微的发现，都可能是你成功的所在

铃木有逛商店的习惯。一天，他来到一家服装店，发现那里挂衣服的衣架很不实用，就站在那里，望着衣服和衣架发起呆来。

"先生，您想买大衣？还是西服？"服务小姐走过来，彬彬有礼地说，"请试一试吧，试衣间在那边。"

这是一件高级毛料大衣，标价远远高出铃木平时一年四季所穿衣服的价格的总和。铃木当然不会为了装饰自己的外表而委屈自己的肚子。"啊，不……哦，但我可以试一试。"铃木突然想到了什么，他非常想"试一试"那个木头的衣架，而不是那件昂贵的大衣。

服务小姐很热情地把大衣从衣架上取下来，准备给铃木试一试。

"啊，谢谢，我自己来。"铃木接过大衣，随手把那个衣架一同拿进了试衣室。在试衣室里，铃木并没有试穿大衣，倒是一次又一次地给那只衣架"试穿"。他反复地琢磨着衣架的造型和质地，看看哪些地方"不合身"。时间一分钟一分钟地过去，他几乎忘记了自己是位顾客，是一个买大衣的顾客。

服务小姐终于看到铃木从试衣室里出来，她笑脸相迎："先生，这大衣一定很合身吧？如果您喜欢的话，可以低于标价12%付款。"

铃木这才想到自己是"买大衣的顾客"这样一个事实。他犹豫了一下，终于下定决心用可以买一年四季所有服装的钱去

-35-

买那件自己并不想买的大衣。并说:"我希望能带走这个衣架!如果,贵店还有其他样式的衣架让我带走的话,我还可以再多付一些钱!"

服务小姐很乐意做这笔生意,她很快就给铃木拿来了3种不同样式的衣架,并声明说,这些衣架是送给铃木做纪念品的。当她把大衣和衣架包装完毕,送铃木出门时说:"我们日本是个喜欢收藏的民族,对于您喜欢收藏衣架的业余爱好我非常赞同,但愿衣架收藏能在日本流行起来。"

铃木回到家里,把那件昂贵的大衣放在一边,又研究起那几只衣架来。他思忖着,作为衣架,应该以不损伤衣服的衬里,同时又不会使衣服的外观变形为最重要,理想的衣架应是能呈现出人体曲线的,如果用塑料代替木材制作衣架的话,一定能够达到效果。于是,他便着手研制起新型衣架来。

不久,他的研究成功了,他把这种新型的塑料衣架定名为"露漫式"衣架,并申请了发明专利。

由于这种衣架具有实用性,质地又好,又美观耐用,一上市就受到许多批发商的欢迎,纷纷慕名赶来向铃木订货。铃木成立了自己的企业,虽然每天生产13000个衣架,但也抵不住频频飞来的订货单。

铃木的大衣仍然挂在衣柜里,他一次也没有穿过。不过,挂大衣的衣架已换成新型的塑料衣架,现在它是那件大衣的"主人"。虽然,服务小姐所祝愿的关于"流行衣架收藏热"的现象并没有出现,但铃木的新型衣架却风行了整个日本,并推广到全世界。

感 悟

并不是所有人的成功都是建立在伟大的发现之上的,相反,大部分人的成功都是从微小的发现开始的。无论你的一个新奇的发现有多么微不足道,都不要放弃,因为它很有可能是你获取成功的一次机会。

从生活的需要入手,做前人没有做过的事

无论在亲友家里还是在风尘仆仆的旅途之中,你总可以看到人们将方便面倒入杯碗之中用开水一冲即食。但是,你知道创造方便面的是谁吗?他就是日本方便面条产业大亨安藤百福。

30多年前,安藤还不是什么老板,每天下班,他总要挤乘电车回家。等车的时候,他看到附近的饭店前,总有许多人排队等着吃热面条。这种情景已司空见惯,不足为怪了。可是有一天,他忽然来了灵感:"日本人这么喜欢吃面条,有没有法子让他们不要排队,随时随地很快地吃到呢?"就这样,他想做一种"用开水一冲就可食用"的方便面。

他的想法立即招致家人和亲友的反对:"好好安稳地做自己的工作吧,别异想天开了!"可安藤决心已定,不为所动,便凑了钱在家里搭起简易工棚,还买了一台轧面机,独自开始了试验。可是,最初几次尝试都失败了,轧出来的不是面条,而是一堆堆的面疙瘩。

这下,家人和亲友更是嘲讽和阻止他了:"你不是搞科研和做生意的料。想发财穷得快,不要偷鸡不成蚀把米!"

安藤说:"万事开头难,这是前人没有做过的事,哪能一次就成功呢?"他还是咬着牙继续试验下去。

1958年8月,安藤终于试制成功了第一批"鸡肉方便面"。上市试销,很快就成为抢手货。安藤立即成立日清食品公司,正式生产、销售方便面条。公司开张8个月,就售出1300万份方便面。原来不以为然的面条同行看见有利可图,都一哄而上,抢做方便面条,还挑起了专利纠纷。安藤便高薪聘用技术专家,组建方便面研究所,终于在1962年5月首先夺得专利权,击败了国内的竞争对手。

安藤还不满足,为了打开海外市场,亲自专程去美、英、法等国深入考察。他发现袋装的方便面质量、调味都很好,就是吃法上还不十分方便,问题出在容器上。于是,他果断地同

美国达特公司联营，研制出适应美国人用叉子吃面条的杯子。5年后，正式推出杯装方便面。果然，它一下子风靡国内外市场，厂门口前来装货的卡车排成了长蛇阵。杯装方便面压倒了袋装方便面，单是日清公司在美国杯装的方便面销售额每年都几乎增长一倍。

安藤百福的成功，使原先反对他试验的家属和亲友们都感到惭愧。

感悟

在我们的日常生活中，有很多的需要得不到满足，这些需要是前人没有做过的事，从这些需要入手，做前人没有做过的事。尽管这样做会遭到别人的反对，甚至是嘲笑，但只要坚持下去，往往会获得成功。

失败只是暂时的，真正的成功者从不言败

美国著名电台广播员莎莉·拉菲尔在她30年职业生涯中，曾经被辞退18次，可是她每次都放眼最高处，确立更远大的目标。

最初由于美国大部分的无线电台认为女性不能吸引观众，没有一家电台愿意雇用她。她好不容易在纽约的一家电台谋求到一份差事，不久又遭辞退，说她跟不上时代。莎莉并没有因此而灰心丧气，她总结了失败的教训之后，又向国家广播公司电台推销她的清谈节目构想。电台勉强答应了，但提出要她先在政治台主持节目。"我对政治所知不多，恐怕很难成功。"她也一度犹豫，但坚定的信心促使她大胆去尝试。她对广播早已轻车熟路了，于是她利用自己的长处和平易近人的作风，大谈即将到来的7月4日国庆节对她自己有何种意义，还请观众打电话来畅谈他们的感受。听众立刻对这个节目产生兴趣，她也因此而一举成名了。后来，莎莉·拉菲尔已经成为自办电视节目的主持人，曾两度获得重要的主持人奖项。

她说："我被人辞退18次，本来会被这些厄运吓退，做不成我想做的事情。结果相反,我让它们鞭策我勇往直前。"

感 悟

人生难免遭受挫折和不幸,没有谁会永远一帆风顺。真正的成功者很明白这一点,他们是从不言败的,失败对于他们来说只是暂时的失利,他们会继续努力,直到赢回来。相反,如果一个人在失败后没有再次奋斗的勇气,那他就真的输了。

定出超越自我的目标,就会有超越自我的作为

有一个生长在旧金山贫民区的小男孩,从小因为营养不良而患有软骨症,在6岁时双腿变形成弓字形,而小腿更是严重地萎缩。然而在他幼小心灵中,一直藏着一个没人相信会实现的梦——除了他自己,那就是要成为美式橄榄球的全能球员。

他是传奇人物吉姆·布朗的球迷,每当布朗所属的克里夫兰布朗斯队和旧金山四九人队在旧金山比赛时,这个男孩便不顾双腿的不便,一跛一跛地到球场去为心中的偶像加油。由于他穷得买不起票,所以只有等到全场比赛快结束时,才从工作人员打开的大门溜进去,欣赏最后剩下的几分钟。

13岁时,有一次他在布朗斯队和四九人队比赛之后,在一家冰淇淋店里终于有机会和心中的偶像面对面接触,那是他多年来所期望的一刻。他大大方方地走到这位大明星的跟前,大声说道:"布朗先生,我是你最忠实的球迷!"布朗和气地向他说了声"谢谢"。这个小男孩接着又说道:"布朗先生,你知道一件事吗?"吉姆·布朗转过头来问道:"小朋友,请问是什么事呢?"男孩一副自豪的神态说道:"我记得你所创下的每一项纪录。"吉姆·布朗十分开心地笑了,然后说道:"真不简单。"这时小男孩挺了挺胸膛,眼睛闪烁着光芒,充满自信地说道:"布朗先生,有一天我要打破你所创下的每一项纪录。"听完小男孩的话,这位美式橄榄球明星微笑地对他说道:"好大的口气,孩子,你叫什么名字?"小男孩得意地笑了,说:

"布朗先生，我的名字叫奥伦索·辛普森。"

奥伦索·辛普森在经过千辛万苦之后，的确实现了他少年时所说的话。他在美式橄榄球场上打破了吉姆·布朗所创造的所有纪录，同时也创下了一些新的纪录。

感悟

目标可以激发出一个人难以置信的能力，甚至可以改写一个人的命运。把目标定在有足够的难度上，虽然看起来是不容易达到的，但它可以激发你的动力，能使你付出所有的能力。当你可以为了某一件事而付出所有能力的时候，这件事的成功就是一种必然。

坦然面对挫折，坦然容忍失败

有一个小孩，有一次在田埂间看到一只瞪眼的青蛙，就调皮地向青蛙的眼睑撒了一泡尿。却发现青蛙的眼睑非但没有闭起来，而是一直睁着眼瞪着他。这给他留下了深刻的印象。长大后，他成了一个推销员。当遭到客户的拒绝时，他便每每想到童年时那只被尿浇也不闭眼的青蛙，于是用"青蛙法则"来对待销售。客户的拒绝犹如尿撒在青蛙的眼睑上，睁眼面对客户倾听，不必惊慌失措。这位推销员后来连续16年荣获了日本汽车销售冠军的宝座，他就是奥城良治。

20世纪60年代中期，美国通用电气公司一位年轻的工程师独立负责一项新塑料的研究。正当这位工程师踌躇满志地准备大干一场的时候，不幸的事情发生了：实验的研究设备突然爆炸，3000多万美元的实验设备连同厂房瞬间化为灰烬。面对爆炸后一片狼藉的现场，年轻的工程师精神濒临崩溃。他想，自己在通用的梦想和历史就此结束了。他非常沮丧，忐忑不安地接受了通用总部派来调查事故的高级官员的谈话。没想到的是，这位高级官员问的第一句话是："我们从中得到了什么没有？"年轻工程师先是一惊，然后回答："我们这个试验走不通。"调查官员说："这就好。可怕的是我们什么也没有得到。"

第二章　并不是所有的成功，都会闪烁着耀眼的光芒

一场惊天动地的"重大事故"就这样解决了。这位年轻工程师就是日后带领通用电气公司实现了 20 年高速增长、被誉为世界第一 CEO 的杰克·韦尔奇。

感　悟

容忍失败是我们可以学习并加以运用的极为积极的法则。成功者之所以成功，只不过是因为他们不被挫折和失败左右而已。一个人要想干出一番事业，一定要具有坦然面对挫折和失败的积极态度，千万不可一旦遭遇挫折便当逃兵；否则，他永远都与成功无缘。

如果无法改变厄运，那就勇敢地接受它

约翰·布伦迪被他的朋友们称作"马拉松人"。1973 年 6 月 6 日，约翰照常做 20 分钟的晨跑运动，但令他想不到的是，这次晨跑却是他一生中的最后一次。

那天早上跑完以后，约翰依旧到工地去，他和另外 3 个工人一同在屋顶上工作。天气非常炎热，工作也很辛苦，这时监工递给约翰一样工具，约翰便移动双脚想去接，不料房顶水泥尚未凝固。就这样，约翰失去了平衡，他头朝下掉落至地面。

下面是约翰事后的回忆。

那时候我听到很多杂音，甚至还有我的脊椎折碎的声音。现在想起来真是可怕，我整个身体一直往下掉，整个人僵直得就像饼干一样，那一瞬间我发现脚一点知觉也没有。以后的数秒之中，恐怖、愤怒、绝望一一向我袭来，我很想站起来，可是心有余而力不足，能听从我指挥的只有头部。

我听见好像有人在上面说："唉哟！约翰掉下去了。"

我心里不断祈祷，也不断诅咒。我把头转向左边，看到 10 厘米远的地方有穿着鞋子的双脚，脚尖就在眼前，好像是我的脚，可是怎么会在这里呢？

那一刻，我真的好害怕。

好像又有人把我的头抬起，放在像枕头之类的东西上，其

实刚开始我并不觉得痛，后来剧烈的阵痛不断涌向我，痛得我几乎想死去，整个头好像被一根绳子吊起来，稍微一动就痛苦不堪。我猜想如果绳子断了，我的头是不是会扭转不停呢？很奇妙的想法，是不是？我一直努力使自己保持清醒，我听说这时如果睡去，恐怕就是永远的了。

急救人员很快就到了，他们把我抬到担架上，因为疼痛的关系，我非常害怕别人移动我的身体。但他们毕竟具有专业素质，他们一面鼓励我，一面尽可能减轻我身体上的疼痛，让我放心不少。

我被抬入救护车后，感觉舒服了一点，可能是心理因素吧！我认为马上就可以到医院去治疗，情况应该不会太严重的。

一到医院，神经外科医生表示要先照X光，把我放在手术台上，双手双脚呈八字形分开，为了配合角度，医生不时摆动我的头，一种从未有过的不安包围着我，真的，从未有的。过了一会儿，医生确定我的头骨断了，这不是一个好消息，我在孩提时代，曾听过头骨折断的故事，没想到竟也发生在我身上。

我开始向上帝祷告，请他赐给我力量，别发生任何让人悲伤的事。

漫漫长夜，好像永无止境，我不断地回想当天所发生的事，思绪越来越混乱，就这样熬过了黑夜。

在昏迷之中，我想起坐在轮椅上的总统罗斯福和他说过的一句话："应该恐惧的是恐惧本身。"于是，我变成一个积极乐观的人。我问自己："受伤对我有什么意义呢？"我不断地思考，告诉自己："我将来一定会了解的，现在必须想办法活下去！我一定要努力！"对于发生的一切，我心存感谢。

我真正的奋斗，从现在开始。

醒来时，我发现头部两侧的针头已经取出来，原来我还在医院里。当时我想，只要安静下来，痛苦就会逐渐减轻。令我惊讶的是，我全身竟像木乃伊一样，被白布包裹起来，而且一点知觉也没有。周围都是医疗用的机器，身旁的护士可以处理

第二章 并不是所有的成功，都会闪烁着耀眼的光芒

我身体上所有的突发状况，在我的眼中，他们仿佛是无所不能的神。

我从来没有进过医院，所以对周围的一切都很陌生。

经过几个星期的努力之后，约翰的伤势已被认定终生无法痊愈，可是他依旧充满希望，盼望奇迹出现。为使他的脊椎再度恢复健康，他仍继续接受治疗。

约翰急切地想知道自己的病情，唯一的方法只有向护士打听。有一天，他听到护士指着他房间的方向对助手说："四肢麻痹就是像他那个样子。"

约翰从来没有见过四肢麻痹的人，他甚至没有想过四肢会同时麻痹，哪里想得到自己竟变成这个样子。

简单的一句话揭开了真相。原本他是一个年轻又健康的人，现在却从头部以下全部麻痹，形同废人。

虽然如此，约翰仍然决定活下去，虽然痛苦不曾减轻，可是他活得比谁都坚强。他又说："我之所以决心生存下来，是因为有3个老师支持着我，这3个老师是期盼、献身、坚定。我想活下去，想治好病，想知道自己究竟可以做什么事，我让这3个老师经常在我心中，我为此而奋斗，并相信有一天我可以得到胜利，所以永不灰心。"

约翰一直这样告诉自己，受伤是不可避免的。他又这么想，这次的事故是自己一生的转折点，他应该下定决心努力。这种想法是既健康又正确的，所以约翰总是这么勉励自己。其实他认为自己并不是受害者，自己只是很自然地接受这个安排而已。

当约翰坐着电动轮椅进入超级市场或过马路时，轮椅不断发出声音，引起许多小朋友的注意，他们有的在笑，有的一脸迷惑，也有的说："很不错嘛！"像是很羡慕的样子。遇到这种情形，约翰会做各种鬼脸逗孩子们发笑。另外他还经营着一个专门为附近社区居民介绍婴儿保姆的公司。甚至，他还在一个公益协会里，做一项名为新希望电话咨询中心的服务，他对人生充满新希望，并且非常愿意帮助那些失意的人找到希望。

约翰胜利了,因为他能勇敢地活下去。他曾说过:"艰苦的日子总有结束的时候。心中充满希望,并能继续为生活而努力的人,才能享有新生命。"

他不但明白了这个道理,而且成为一个努力将厄运视为命运转机的人。

感 悟

每个人都希望自己能顺利完成自己想做的事,谁都不希望厄运降临在自己身上,但在现实生活中,这又是不现实的。如果无法改变已经发生的厄运,那就勇敢地去接受它。很多时候,厄运并不能置人于死地,反而有可能会成为命运的新起点。

只有经过奔波、历练,才能得到我们想要的东西

著名作家刘墉在他的《创造超越的人生》中写过这样一个故事。

有个开罗人,一天到晚想发财。有一夜,他梦见从水里冒出一个人,浑身湿淋淋的,一张嘴,吐出一个金币,并且对开罗人说:"你想发财吗?想发财,你就得去伊斯法罕,你只有到那里,才能找到金币。"说完就不见了。

开罗人醒过来,辗转反侧,再也睡不着。"天哪!伊斯法罕远在波斯啊,我必须穿越阿拉伯半岛,经波斯湾,再攀上扎格罗斯山,才到得了那山巅之城。我很可能死在半路。"开罗人想,"但是不去,我这辈子大概就发不了财了。"经过几天内心的挣扎,开罗人还是决定冒险。

千山万水我独行,开罗人千里跋涉,历经了许多艰难险阻,终于风尘仆仆地到达了伊斯法罕。天哪!伊斯法罕不但穷困,而且正闹土匪。当地的警卫把土匪赶跑,发现了奄奄一息的开罗人,并且喂他吃东西、喝水,把开罗人救活。"看样子、听口音,你不是本地人。"警卫队长说。"我从开罗来。""什么?开罗?你从那么远、那么富有的城市,到我们这鸟不生蛋的伊

斯法罕来干什么?"警卫队长听说他梦见神的启示,大笑了起来:"笑死我了,我还常做梦,我在开罗有个房子,后面有7棵无花果树和一个日晷,日晷旁边有个水池,池底藏着好多金币呢!快滚回你的开罗吧!"

开罗人衣衫褴褛、一无所有地回到了开罗,邻居看他的可怜相,都笑他疯了。但是,回家没几天,他成为开罗最有钱的人。因为那警卫队长说的7棵无花果树和水池,正在他家的后院。他在水池底下,挖出成千上万的金币。

开罗人有没有白去伊斯法罕这一遭?当然没有!虽然金币就在他自己家里,但是他不去,就永远不会知道。

感 悟

我们周围的一些人曾经发出过这样的感慨:"人活一辈子,其实大部分时间都是在奔波劳累中度过的。"事实也的确如此,但是我们也应该知道,如果没有生命过程中的奔波、历练,我们就无法得到我们想要的东西。

只要还能笑,一切苦难都会过去

美国人克里斯托弗·里夫因在电影《超人》中扮演超人而一举成名,但没多久,一场大祸却降临在了他身上。

1995年5月27日,里夫在弗吉尼亚一个马术比赛中发生了意外事故。他骑的那匹东方纯种马在第三次试图跳过栏杆时,突然收住马蹄,里夫来不及防备,就从马背上向前飞了出去,以致头部着地,第一第二颈椎全部折断。

5天后,里夫醒来的时候,发现自己正躺在弗吉尼亚大学附属医院的病房里,从脚到腿高位瘫痪。医生说里夫的颅骨和颈椎要动手术才能重新连接到一起,而医生不能够确保里夫能活着离开手术室。

那段日子,里夫万念俱灰,甚至产生了轻生的念头。随着手术日期的临近,里夫变得越来越害怕。

一次,里夫3岁的儿子威尔问妈妈丹娜:"妈妈,爸爸的膀子动不了吗？"

"是的。"丹娜答道。

"爸爸的腿也不能动了吗？"威尔又问。

"是的，是这样的。"

威尔停了停，有些沮丧，但忽然他又显出很幸福的样子，说："但是爸爸还能笑呢。"

"爸爸还能笑呢。"威尔的这一句话，让里夫看到了生命的曙光，重新找回了生存的勇气和希望。

10天后的手术很成功，尽管里夫的腰部以下还是没有知觉，但他毕竟克服了巨大的疼痛而顽强地活了下来。

后来，里夫不仅亲自导演了一部影片，还出资建立了里夫基金会，为医疗保险事业做出了贡献。里夫坚信他会在50岁之前重新站立起来，他要做一个真正的"超人"。

克里斯托弗·里夫在自传里，郑重地记下了儿子的那句话："爸爸还能笑呢。"

感 悟

乐观是一种积极的心态，也是支撑我们不断挑战自我的动力。无论在工作还是在生活中，不管遇到什么样的困难，我们都应该藐视它，并对自己报以微微的一笑，然后告诉自己："只要我们对自己、对将来充满希望和信心，一切苦难都会过去。"

第三章
成功其实很简单,就是比别人多努力一倍

谁付出的努力多,谁就会成功。其中,最重要的是要珍惜时间和充分利用时间。在一天当中,我们每个人的时间都是24小时,然而,时间就像海绵里的水,只要挤,总是有的。成功者往往能充分利用有限的时间,而庸者则在不知不觉中虚耗自己的生命。

做最适合自己的事情，即使笨拙的人也会成功

从小到大，比特做什么事都比别的孩子慢半拍，同学讥笑他笨，老师说他不努力，无论他怎么试图去做好、去改变自己，但他却从来也做不对。直到比特上了九年级后，才被医生诊断出患有动作障碍症。高中毕业时，比特申请了10所最一般的学校，心想怎么也会有一所学校录取他。可直到最后，他连一份通知书也没有收到。

后来，比特看了一份广告，上面写着："只要交来250美元，保证可以被一所大学录取。"结果他付了250美元，有一所大学真的给他寄来了录取通知书。看到这所大学的名字，比特即刻想起了几年前，一份报纸上写着有关这个大学的文章："这是一所没有不及格的学校，只要学生的爸爸有钱，没有不被录取的。"当时比特只有一个信念："我要用未来去证实这个错误的说法。"

在这个大学上了一年后，比特就转到另一所大学，大学毕业后，他进入了房地产行业。

22岁时，他开了一家属于自己的房地产公司。此后，在美国的四个州，他建造了近一万座公寓，拥有900家连锁店，资产达数亿美元。后来，比特又进入到银行业，做起了大总裁。

比特是一个笨孩子，他是怎么走向成功的呢？下面三点就是比特自己讲述的：

"第一，每个人都有自己最强的一项，有人会写，有人会算，对有些人难的，对另一些人却很简单、很容易。我想强调的是：一定要做最适合自己的事情，不要迎合别人的口味而去做一件不属于自我，但是又要付出巨大代价的难事。

"第二，我非常幸运自己有如此谅解我、对我容忍又耐心的父母，如果有一个考题，别人只花15分钟，而我必须用两个小时完成的时候，我的父母从来不会因此而打击我。对于我的父母来说，只要自己的儿子尽力而为了，就是他们的目的。

"第三，我从不跟自己的同班同学竞争，如果我的同学又高又大，跑得很快，而我又小又矮，为什么一定要跟他们比呢？知道自己在哪里可以停止，这非常重要。我也曾经问过自己千百次，为什么别人可以学习得轻松？为什么我永远回答不了问题？为什么我总要不及格？当知道自己的病症以后，我得到了专业人士的关爱和解释。理解自己和理解周围，都非常重要。"

感 悟

一个聪明的人，如果没有做最适合自己的事情，他也不会取得成功；一个笨拙的人，如果能全面地了解自己并去做最适合自己的事情，他也会取得成功。

迈出了第一步，接下去的路就好走多了

有一段时间，在政治上受到打击的丘吉尔整日神情抑郁，全家人看在眼里，急在心里。而丘吉尔的一个邻居的妻子刚好是一个画家，家里常常堆满了各种各样的颜料、画笔、画布以及画好的作品。丘吉尔一家常常有机会欣赏那位邻居的杰作。后来在家人的劝慰下，丘吉尔开始跟他的邻居学习油画。

丘吉尔在政治舞台上是一个敢作敢为的政治家，可是对着那张干净整洁的画布，他半天都不敢下一笔，生怕出一点差错。那个女画家见了，索性将所有的颜料全倒到了画布上。丘吉尔一见那画布上已经满是颜料了，于是就拿起他的画笔开始在画布上任意涂抹起来，就这样丘吉尔画出了他的第一幅作品。虽然并不完美，但那毕竟是一个很大的突破了。

从此丘吉尔开始放开手脚画画了。经过不断的练习，丘吉尔终于在画技上有了长足的进步。最后丘吉尔不仅给画坛留下了大量思维大胆、风格各异的油画作品，而且还恢复了自信，并东山再起，在英国甚至全世界的历史上创造了一番惊人的业绩。

> **感 悟**

在开始做一件事的时候,我们常常会犹豫不决、瞻前顾后,生怕做不好。往往越是存在这样的心理,就越做不好。所以,大胆地迈出第一步很重要。一旦我们迈出了第一步,接下去的路就好走多了。

越简单越有效的方法,越容易为人们所忽视

当哥伦布发现新大陆返回英国后,英国女王为他摆宴庆功。

在酒席上,许多王公大臣、绅士名流都瞧不起这个没有爵位头衔的人,纷纷出言讥讽哥伦布。

"没什么了不起的,我出去航海,照样也会发现新大陆!"

"驾驶航船,只要朝一个方向前进,就会有重大发现!"

"太容易了!这种事谁碰上谁出名!"

"哥伦布这家伙运气真好!"

哥伦布微笑着听完了大家的讽刺和挖苦,起身说:"各位尊敬的先生、女士,现在请大家做一个游戏——哪位能把鸡蛋在桌子上立起来?"

许多人跃跃欲试,但没有人能够把椭圆形的鸡蛋立在桌子上。

"我们立不起来,你也不能立起来!"于是有人说。

哥伦布拿起鸡蛋在桌子上轻轻一磕,鸡蛋的大头就凹了下去,哥伦布从容地把鸡蛋立在了桌子上。

"这太简单了,谁不会呀!"大家嚷嚷道。

"是的,这方法的确很简单,可是我说过了,这仅仅只是一个小游戏而已。"哥伦布笑着说,"但问题是,在这之前,你们为什么都没有想到过这个方法呢?"

> **感 悟**

在很多人看来,自己想成功很难,但别人的成功却很简单。其实,在成功的道路上,越简单的方法往往越有效。令人遗憾的是,越简单越有效的方法,越容易被人们所忽视。

有想象自己成功的愿望和能力，就有机会获得成功

美国作家查尔斯到了55岁时还从没写过小说，也不打算这样做，在向一个国际财团申请电缆电视网执照时他才有了这样的想法。

当时，一个在管理部门的朋友打电话来，说他的申请可能被拒绝，查尔斯突然面临着这样一个问题："我今后怎么办？"

在查阅了一些卷宗后，查尔斯偶尔看到了一段自己写下的备忘录，那是十几句字体潦草的句子，写下了一部电影的基本情节。他在办公室里静静地坐了一会儿，思索着是否该把这项工作继续下去，最后拿起话筒，给他的朋友、小说家阿瑟·黑利挂了个电话。

"阿瑟，"查尔斯说，"我有一个自认为不寻常的想法，我准备把它写成电影。我怎样才能把它交到某个经纪人或制片商或任何能使它拍成电影的人手里？"

"查尔斯，那条路子成功的机会几乎等于零。即使你找到某人采用你的想法并把它变为现实，我猜想你的这个故事梗概所得的报酬也不会很大。你确信那真是个不同寻常的想法吗？"

"是的。"

"那么，如果你确信，哦，提醒你，你一定要确信，为它押上一年时间的赌注。把它写成小说，如果你能做到这一点，你会从小说中得到收入。如果很成功，你就能把它卖给制片商，得到更多的钱，这是故事梗概远远不能做到的。"

查尔斯放下话筒，漫步走了好长一段路："我有写小说的天赋和耐心吗？"当他这样沉思时，他越来越有信心办成。他看见自己进行调查、安排情节、描写人物、开始撰写、然后润色……他要为它赌上一年时间。

一年零三个月后，小说完成了。它在加拿大的麦克莱兰和斯图尔特公司得到出版，在美国的西蒙公司、舒斯特和艾玛袖珍图书公司得到出版，在大不列颠、意大利、荷兰、日本和阿

根廷得到出版。结果,它被拍成电影——《绑架总统》,由威廉·沙特纳、哈尔·霍尔布鲁克、阿瓦·加德纳和凡·约翰逊主演。

此后,查尔斯又写了5部小说。

感 悟

任何人只要下大决心、坚持不懈、按部就班地刻苦工作就能获得一切吗?当然不一定。但是,假如你有想象自己成功的愿望和能力,你就会获得比梦想的要多得多的成功。

成功的秘密相当简单,就是比别人多努力一倍

乔·甘道夫博士是全美十大杰出业务员。

他是历史上第一位一年内销售超过10亿美元保费的寿险大师。

乔·甘道夫博士出生在美国肯塔基州,并在那儿长大。他的父亲是外国移民,在移居美国后不久,便与意大利西西里家庭中的一位姑娘结婚。

甘道夫常常自豪地说:"我的父亲是一位勤劳、能干的人。他常告诉我,在美国,你可以随心所欲地干你愿意干的事,但对你来说,从商是最好不过的事情。"

在甘道夫12岁时,母亲因患癌症去世。他读中学的时候,他的父亲也去世了。

失去父母后,甘道夫陷入难以忍受的痛苦之中。之后,他进入军事研究院,1959年,他成了一名数学老师,他利用业余的时间做些辅导员的工作,当时他的月收入仅为238美元。

1960年,甘道夫进入保险公司,他的推销生涯从此开始。

甘道夫每天5点起床,6点钟做完弥撒,就开始一天的工作,直到深夜10点。如果当天工作进展不好,就省掉一顿饭。由于他的努力,在第一星期就达到了92000美元的销售额。甘道夫恨不得把吃饭睡觉的时间都用来工作,他说:"我觉得人们在吃睡方面花费的时间太多了,我最大的愿望就是不吃饭、不睡觉。

对我来说，一顿饭若超过 20 分钟，就是浪费。"

1976年，甘道夫的销售额高达 10 亿美元，成为百万圆桌会议会员。甘道夫一年的销售额大大超过了绝大多数保险公司的年销售额。

甘道夫谈到自己的成功时，说："我成功的秘密相当简单，为了达到目的，我可以比别人多努力一倍、艰苦一倍，而多数人不愿意这样做。"

感 悟

谁付出的努力多，谁就会成功。这其中，最重要的是要珍惜时间和充分利用时间。在一天当中，我们每个人的时间都是 24 小时。成功者往往能充分利用有限的时间；而庸者则在不知不觉中虚耗自己的光阴。

善于抓住"意外"和"偶然"，会意外收获成功

他是一位孤独而又窘迫的画家。

他在堪萨斯城谋生的时候，曾到堪萨斯明星报社应聘，想在那里找份合适的工作，开始自己的事业。然而，该报社的主编在审查过他的作品以后，却坚决地摇了摇头，认为他的作品缺乏新思想，他不能胜任报社工作。这使他非常失望和沮丧。

后来，费尽周折，他总算找到了一份工作——给教堂作画。可是，工作的报酬低得可怜，没有能力租用画室，他只好借用父亲的车库临时办公。

车库里充满了汽油味，而且经常有老鼠出没。有一天，当他和往常一样在车库工作的时候，忽然看见一只老鼠在地板上跳跃。望着小老鼠乖巧的样子，他喜欢上了它，赶紧找了一些面包屑给它吃。渐渐地，他们混得熟悉了。老鼠的胆子也大了。有的时候，那只老鼠竟敢大胆地爬上他工作的画板，并有节奏地跳跃着。

没多久，他又获得一个极好的工作机会：到好莱坞去摄制一部以动物为主角的卡通片。他很快投入了工作，并且信心百

倍地干起来。不幸的是，他失败了，并且因此而穷得身无分文。

再度穷困潦倒以后，他失业在家。有一天，他又在父亲的车库里转悠，突然想起了那只曾经和他相处极好的老鼠。灵机一动，他找来画纸，把这只老鼠的可爱形象画出来。出人意料的是，卡通世界有史以来最成功的动物形象之一——"米老鼠"，就这样奇迹般地诞生了。

这位年轻的画家，也因此而名噪全球。他就是著名的国际卡通漫画艺术大师沃尔特·迪士尼。

感 悟

很多人的成功看起来都是意外获得的，但意外的成功并非人人能够获得，它不属于那些不善思考、粗心大意的人，它只属于有心人——他们善于思考，善于抓住"意外"和"偶然"。很多时候，成功都是这样意外收获的。

对一个人来说，成功没有时间的限制

有人调查了100位世界名人的成功经历，发现一个奇怪的现象，他们的成功经历并非按照一般的成功模式进行。在成功者眼里，时间限制并不能左右他们。

莫扎特3岁已能弹奏古典钢琴，并能记住只听一遍的乐段。

肖邦在7岁的时候，创作了G小调《波罗乃兹舞曲》。

爱迪生10岁那年，在父亲的地下室建立起一个实验室，开始了世界上最伟大的发明。

奥斯汀在21岁那年出版了世界名著《傲慢与偏见》。

福特在50岁那年采用了"流水装配线"，实现了汽车大规模生产，使汽车售价大幅下降，开始在全世界普及。

丘吉尔在81岁从首相位置上告退，回到下议院，但又获得一次议会选举。他开始学画，并成功展示了自己的作品。

100岁的爵士音乐钢琴演奏家、作曲家尤比·布莱克还举办了自己的专场音乐会，在逝世前的5天，他对别人说："早知道我能活这么久，我会更加努力些。"

感 悟

成功对一个人来说,并没有时间的限制,处于各种年龄段的人都可以大有作为,小到几岁,大到百岁,都可以成功,关键在于一个人的心态,在于是否付出了全部的努力。

不要被失败吓跑,失败自然会跑开

林肯的故事一直以来激励着许多人,最令人佩服的是他面对失败的态度。

1832年,林肯失业了,这显然使他很伤心,但他下决心要当政治家,当州议员。糟糕的是,他竞选失败了。在一年里遭受两次打击,这对他来说无疑是痛苦的。接着,林肯着手自己开办企业,可一年不到,这家企业又倒闭了。在以后的17年间,他不得不为偿还企业倒闭时所欠的债务而到处奔波,历尽磨难。随后,林肯再一次决定参加竞选州议员,这次他成功了。他内心萌发了一丝希望,认为自己的生活有了转机:"可能我可以成功了!"

1835年,他订婚了。但离结婚还差几个月的时候,未婚妻不幸去世。这对他精神上的打击实在太大了,他心力交瘁,数月卧床不起。1836年,他得了神经衰弱症。1838年,林肯觉得身体状况良好,于是决定竞选州议会议长,可他失败了。1843年,他又参加竞选美国国会议员,但这次仍然没有成功。

林肯虽然一次次地尝试,但却是一次次地遭受失败:企业倒闭、未婚妻去世、竞选败北。要是你碰到这一切,你会不会放弃这些对你来说是重要的事情?

林肯具有执着的性格,他没有放弃,他也没有说:"要是失败会怎样?"1846年,他又一次参加竞选国会议员,最后终于当选了。两年任期很快过去了,他决定要争取连任。他认为自己作为国会议员表现是出色的,相信选民会继续选举他。但结果很遗憾,他落选了。因为这次竞选他赔了一大笔钱,林肯申请当本州的土地官员。但州政府把他的申请退了回来,上面指出："做本州的土地官员要求有卓越的才能和超常的智力，你的申请未能满足这些要求。"

接连又是两次失败。

这一切失败并没有使林肯服输。1854年，他竞选参议员，但失败了；两年后他竞选美国副总统提名，结果被对手击败；又过了两年，他再一次竞选参议员，还是失败了。

林肯尝试了11次，可只成功了两次，他一直没有放弃自己的追求，他一直在做自己生活的主宰。也就是说，他没有被失败吓跑。

1860年，林肯终于当选为美国总统。

感 悟

在通往成功的道路上，谁都不可能一帆风顺，甚至会遭遇多次的失败。失败者之所以会失败，是因为被失败吓跑了；成功者之所以会成功，是因为他迎着失败勇往直前。如果没有被失败吓跑，失败自然就会跑开。

用付出的多少，来丈量将来可能取得成功的大小

加拿大著名摄影家约瑟夫·卡希，由于他在摄影艺术上取得了突出成就，被人们誉为摄影大师。

卡希在他的一生中，曾经为15000多名有成就的人物照过相，其中不少是家喻户晓的世界著名人物。他们当中有国家元首、著名科学家、作家、艺术家，等等。

卡希在加拿大的渥太华，专以拍摄人像为乐事。他拍的人像能够传神，能够充分反映一个人物的性格，甚至能表现一些名人所代表的国家和民族的精神。

有这样一件事，最能说明卡希的摄影风格。

1941年的冬天，当时的英国首相丘吉尔到加拿大访问。在丘吉尔到达渥太华的前夕，当时只有33岁的卡希请求他的朋友加拿大总理麦肯齐·金帮助他为丘吉尔拍一张照片。麦肯齐·金答应了他的要求。

这一天晚上,卡希一夜睡不着觉。第二天,他赶到议会大厅听完丘吉尔轰动一时的演讲后,就急忙穿过大厅到了议长室,他在议长室的一角摆好了泛光灯,做好了一切准备。不久,他听到了脚步声,麦肯齐·金迎接丘吉尔来到了议长室。卡希也立即打开了泛光灯。

丘吉尔叼着一根雪茄问:"这是要干什么?"左右的人们都笑起来,而麦肯齐·金则微笑不语。这时,卡希连忙向丘吉尔鞠躬,说道:"阁下,我希望给您拍一张照片以纪念这次历史性的盛会。"丘吉尔怒容满面地说:"为什么事先不告诉我?"但他最后还是同意了卡希的请求。

卡希这时正想按快门,忽然他灵机一动,走近丘吉尔,对他说:"对不起,阁下!"话音未落,随即把丘吉尔口里叼着的雪茄扯了下来。丘吉尔顿时勃然大怒。就在这时,只听"咔嚓"一声,一张后来闻名于世界的名作拍下来了。而拍摄这杰作,前后只用了两分钟的时间。

丘吉尔的这张照片在暗房冲洗出来时,只见他一手拄着拐杖,一手叉在腰间,怒容满面,气势逼人。卡希看了这张照片后满怀信心地说:"这是一幅杰作。"后来,事实表明的也正是如此,这张照片在全世界广泛流传,有人说是自有摄影艺术以来流传最广的照片。同时,还有7个国家的邮票上印上了这张照片。全世界都认为这张照片是英国战时精神的象征。卡希在后来发表的文章中也写道:"相片里的丘吉尔,是战时英国的象征,昂然挺立,不屈不挠。"从此以后,卡希也就名扬四海,照他自己的说法:"自此以后,我便没有休息的时间了。"

要为将要拍摄的照片进行设计是一件很伤脑筋的事。卡希也常常因害怕照片拍摄出来时不很理想而烦恼。因此,在有重要拍摄任务前,他经常彻夜不眠,第二天弄得疲乏而紧张。但奇怪的是,越是如此,照片拍得越好。因此卡希说:"我常常用夜里失眠时间的长短来判断第二天那张照片成功的程度。"

感 悟

无论做什么事,要想做到让自己满意,都必须开动脑筋、下苦功夫。能不能取得成功,实际上是掌握在我们自己手中的。我们可以用自己付出的多少,来丈量将来可能取得成功的大小。

认真做好计划中的每一步,实现目标就会水到渠成

迈克尔知道写歌词不是自己的专长,所以又找了一个名叫凡内芮的年轻人来合作。凡内芮了解迈克尔对音乐的执着。然而,面对那遥远的音乐界及整个美国陌生的唱片市场,他们一点渠道都没有。

在一次闲聊中,凡内芮突然从嘴里冒出了一句话:"想象你5年后在做什么?"

迈克尔还来不及回答,他又抢着说:"别急,你先仔细想想,完全想好、确定了再告诉我。"

迈克尔沉思了几分钟,开始说:"第一,5年后,我希望能有一张唱片在市场上,而这张唱片很受欢迎,可以得到大家的肯定;第二,5年后,我要住在一个有很多很多音乐的地方,能天天与一些世界一流的音乐家一起工作。"

凡内芮听完后说:"好,既然你已经确定了,我们就把这个目标倒过来看。如果第五年,你有一张唱片在市场上,那么你的第四年一定是要跟一家唱片公司签上合约。

"那么你的第三年一定是要有一个完整的作品,可以拿给很多很多的唱片公司听,对不对?

"那么你的第二年,一定要有很棒的作品开始录音了。

"那么你的第一年,就一定要把你所有要准备录音的作品全部编曲,排练好。

"那么你的第六个月,就是要把那些没有完成的作品修饰好,然后让你自己可以一一筛选。

"那么你的第一个月,就是要把目前这几首曲子完工。

"那么你的第一个礼拜,就是要先列出一个清单,排出哪些曲子需要修改,哪些需要完工。"

凡内芮一口气说了这么多,停顿了一下,然后接着说:"你看,一个完整的计划已经有了,现在你所要做的,就是按照这个计划去认真地准备每一步,一项一项地去完成,这样到了第五年,你的目标就实现了。"

说来也奇怪,恰好是在第五年,迈克尔的唱片开始在北美畅销起来,他一天24个小时几乎全都忙着与一些顶尖的音乐高手在一起工作。

感 悟

不管做什么事,光有目标是不够的,我们还必须制订一个详尽的计划,并切实地去执行。如果我们能认真做好计划中的每一步,那么实现目标就会水到渠成。当我们完成最后一步的时候,就会发现——目标已经实现了。

别把困难在想象中放大,敢去做其实就很简单

有个年轻人叫琼斯,大学毕业后,他如愿地进入当地的《明星报》任记者。有一天,他的上司交给他一个任务:采访大法官布兰代斯。

第一次接到重要任务,琼斯不是欣喜若狂,而是愁眉苦脸。他想:"自己任职的报纸又不是当地的一流大报,自己也只是一名刚刚出道、名不见经传的小记者,大法官布兰代斯怎么会接受他的采访呢?"

同事史蒂芬获悉他的苦恼后,拍拍他的肩膀,说:"我很理解你。让我来打个比方——这就好比躲在阴暗的房子里,然后想象外面的阳光多么的炽烈。其实,最简单有效的办法就是往外跨出第一步。"

史蒂芬拿起琼斯桌上的电话,查询布兰代斯的办公室电话。很快,他与大法官的秘书接上了号。接下来,史蒂芬直截了当地道出了他的要求:"我是《明星报》新闻部记者琼斯,我奉

命访问布兰代斯法官,不知他今天能否接见我呢?"旁边的琼斯吓了一跳。

史蒂芬一边接电话,一边不忘抽空向目瞪口呆的琼斯扮个鬼脸。接着,琼斯听到了他的答话:"谢谢你。明天中午1:15分,我准时到。"

"瞧,直接向人说出你的想法,不就管用了吗?"史蒂芬向琼斯扬扬话筒,"明天中午1:15分,你的约会定好了。"一直在旁边看着整个过程的琼斯面色放缓,似有所悟。

多年以后,昔日羞怯的琼斯已成为了《明星报》的著名记者。回顾此事,他仍觉得刻骨铭心:"从那时起,我学会了单刀直入的办法,做来不易,但很有用。而且,第一次克服了心中的畏怯,下一次就容易多了。"

感 悟

很多时候,我们都把困难在想象中放大了100倍。事实上,只要我们走出了第一步,就会发现,那些所谓的麻烦与困难,有时只是自己吓自己。行动起来,勇敢地去做,很多事其实都很简单。

设定一个高远目标,就等于达到了目标的一部分

美国伯利恒钢铁公司的建立者齐瓦勃出生在美国乡村,只受过很短的学校教育。尽管如此,齐瓦勃却雄心勃勃,无时无刻不在寻找着发展的机遇。他相信,自己一定能做成大事。

18岁那年,齐瓦勃来到钢铁大王卡内基所属的一个建筑工地打工。一踏进建筑工地,齐瓦勃就抱定了要做同事中最优秀的人的决心。

一天晚上,同伴们都在闲聊,唯独齐瓦勃躲在角落里看书。这恰巧被到工地检查工作的公司经理看到了,问道:"你学那些东西干什么?"

齐瓦勃说:"我想我们公司并不缺少打工者,缺少的是既有工作经验又有专业知识的技术人员或管理者,不是吗?"

有些人讽刺挖苦齐瓦勃，他回答说："我不光是在为老板打工，更不单纯为了赚钱，我是在为自己的梦想打工，为自己的远大前途打工。"

抱着这样的信念，齐瓦勃一步步向上升到了总工程师、总经理，最后被卡内基任命为钢铁公司的董事长。

最后，齐瓦勃终于自己建立了大型的伯利恒钢铁公司，并创下了非凡业绩。凭着自己对成功的长久梦想和实践，齐瓦勃完成了从一个打工者到创业者的飞跃。

下面我们再来结识一下迪布·汤姆斯。

1969年，从小就喜欢吃汉堡的迪布·汤姆斯在美国俄亥俄州成立了一家汉堡餐厅，并用女儿的名字为店起了名——温迪快餐店。在当时，美国的连锁快餐公司已比比皆是，麦当劳、肯德基、汉堡王等大店已是大名鼎鼎。与他们比起来，温迪快餐店只是一个名不见经传的小店而已。

迪布·汤姆斯毫不因为自己的小店身份而气馁。他从一开始就为自己制定了一个高目标，那就是赶上快餐业老大麦当劳！

20世纪80年代，美国的快餐业竞争日趋激烈。麦当劳为保住自己老大的地位，花费了不少的心机，这让迪布·汤姆斯很难有机会赶上。

一开始，迪布·汤姆斯走的是隙缝路线，麦当劳把自己的顾客定位于青少年，温迪快餐店就把顾客定位在20岁以上的青壮年群体。为了吸引顾客，迪布·汤姆斯在汉堡肉馅的重量上做足了文章。在每个汉堡上，他都将其牛肉增加了零点几盎司。这一不起眼的举动为温迪快餐店赢得了不小的成功，并成为日后与麦当劳叫板的有力武器。

温迪快餐店一直以麦当劳作为自己的竞争对手，在这种激励中快速发展着自己。终于，一个与麦当劳抗衡的机会来了。

1983年，美国农业部组织了一项调查，发现麦当劳号称有4盎司汉堡包的肉馅，重量从来就没超过3盎司！这时，温迪快餐店的年营业收入已超过了19亿美元。

迪布·汤姆斯认为牛肉事件是一个问鼎快餐业霸主地位的机会，于是对麦当劳大加打击。他请来了著名影星克拉拉·佩乐为自己拍摄了一则后来享誉全球的广告。

广告说的是一个认真好斗、喜欢挑剔的老太太，正在对着桌上放着的一个硕大无比的汉堡包喜笑颜开。当她打开汉堡时，她惊奇地发现牛肉只有指甲片那么大！她先是疑惑、惊奇，继而开始大喊："牛肉在哪里？"不用说，这则广告是针对麦当劳的。美国民众对麦当劳本来就有了许多不满，这则广告适时而出，马上引起了民众的广泛共鸣。一时间，"牛肉在哪里？"这句话就不胫而走，迅速传遍了千家万户。在广告取得巨大成功的同时，迪布·汤姆斯的温迪快餐店的支持率也得到了飙升，营业额一下子上升了18%。

凭借针对麦当劳的不懈努力，温迪快餐店的营业额年年上升，1990年达到了37亿美元，发展了3200多家连锁店，在美国的市场份额也上升到了15%，直逼麦当劳，坐上了美国快餐业的第三把交椅。

感 悟

很多人之所以一事无成，主要是因为他们缺少雄心勃勃、排除万难、迈向成功的动力，不敢为自己确定一个高远的奋斗目标。不管一个人有多么超群的能力，如果缺少一个认定的高远目标，他将很难有所成就。设定一个高目标，就等于达到了目标的一部分。

具有强烈使命感的人，才能最大限度地发挥自己的作用

艾伦9岁的时候，生活在南达科他州祖父的农场里。暑假里，祖父告诉他，如果他想要额外的零用钱，可以在农场里做点活来换。艾伦很高兴，他喜欢骑马放牧。可是祖父说只有一件事还需要人手——赤手捡牧场上的牛粪饼。一般的孩子都不愿意干这样的活，艾伦虽然不情愿，却还是很认真地做了。

一段时间后，艾伦的祖母开车来学校接他回家，对他说：

"艾伦啊，祖父就要把你想要的新工作交给你了。你会拥有自己的马匹去放牧，因为去年夏天你捡牛粪时表现得极为出色。"这是艾伦在工作上得到的第一次提升，他开心极了。一个小小的信念也因此在他心中生根发芽。

后来，艾伦得到了肉铺帮工的工作，每星期挣一美元。这活仍然恶心，但是他的想法很简单：先做好，一定会得到提升的，然后就能摆脱这份工作了。果然，他后来成了年薪150多万美元的首席执行官。再后来，艾伦·纽哈斯开始掌控全美读者最广、影响力最大的报纸——《今日美国》。

提起童年的生涯，艾伦只感叹了一句："即使你干的是一件恶心的活，只要你认真干下去，而且尽量干好，你十有八九会得到提升，以后就不用再干那样的活了，这比当个无用的人无所作为地混下去强得多。"

感 悟

要做就做最好。具有强烈使命感的人，无论在什么条件下都能最大限度地发挥自己的作用。敷衍的态度不仅会助长自己的散漫，也让别人失望；认真对待每一件事，既能锻炼自己的品质，也会让其他人对你更有信心。

只要善于挖掘，一个人的发展潜力是不可限量的

纽约里士满区有一所穷人学校，它是贝纳特牧师在经济大萧条时期创办的。1983年，一位名叫普热罗夫的捷克籍法学博士，在做毕业论文时发现，50年来，该校出来的学生在纽约警察局的犯罪记录最低。

为延长在美国的居住期，他突发奇想，上书时任纽约市市长布隆伯格，要求得到一笔市长基金，以便就这一课题深入开展调查。当时布隆伯格正因纽约的犯罪率居高不下受到选民的责备，于是很快就同意了普热罗夫的请求，给他提供了1.5万美元的经费。

普热罗夫凭借这笔钱，展开了漫长的调查活动。从80岁的

老人到 7 岁的学童,从贝纳特牧师的亲属到在校的老师,凡是在该校学习和工作过的人,只要能打听到他们的住址或信箱,他都要给他们寄去一份调查表,问:"圣·贝纳特学院教会了你什么?"在将近 6 年的时间里,他共收到 3700 多份答卷。在这些答卷中,有 74% 的人回答,他们知道了一支铅笔有多少种用途。

　　普热罗夫本来的目的,并不是真的想搞清楚这些没有进过监狱的人到底在该校学了些什么,他的真实意图是以此拖延在美国的时间,以便找一份与法学有关的工作。然而,当他看到这份奇怪的答案时,再也顾不了那么多了,决定马上进行研究,哪怕报告出来后被立即赶回捷克。

　　普热罗夫首先走访了纽约市最大的一家皮货商店的老板,老板说:"是的,贝纳特牧师教会了我们一支铅笔有多少种用途。我们入学的第一篇作文就是这个题目。当初,我认为铅笔只有一种用途,那就是写字。谁知铅笔不仅能用来写字,必要时还能用来做尺子画线,还能作为礼品送人表示友爱;能当商品出售获得利润;铅笔的芯磨成粉后可作润滑粉;演出时也可临时用于化妆;削下的木屑可以做成装饰画;一支铅笔按相等的比例锯成若干份,可以做成一副象棋,可以当作玩具的轮子;在野外有险情时,铅笔抽掉芯还能被当作吸管喝石缝中的水;在遇到坏人时,削尖的铅笔还能作为自卫的武器……总之,一支铅笔有无数种用途。贝纳特牧师让我们这些穷人的孩子明白,有着眼睛、鼻子、耳朵、大脑和手脚的人更是有无数种用途,并且任何一种用途都足以使我们生存下去。我原来是个电车司机,后来失业了。现在,你看,我是一位皮货商。"

　　普热罗夫后来又采访了一些圣·贝纳特学院毕业的学生,发现无论贵贱,他们都有一份职业,并且都生活得非常乐观。而且,他们都能说出一支铅笔至少 20 种用途。

　　普热罗夫再也按捺不住这一调查给他带来的兴奋。调查一结束，他就放弃了在美国寻找律师工作的想法，匆匆赶回国内。

后来，他成为捷克一家最大的网络公司的总裁。

| 感 悟 |

只要善于开发利用，很多事物除了自身最基本的功用之外，都有很多其他的用途。同样的道理，只要善于自我挖掘和开发，一个人的发展潜力更是广阔和不可限量的，你朝哪方面努力发展，就会得到哪方面的回报。

第四章

踩着失败走向成功

没有经过失败的成功不会长久,成功之人也享受不到真正的喜悦。可以说,任何人的成功都不是一帆风顺的,他们之所以成功,是因为他们能够把失败当成垫脚石踩在脚下,踩着它,从而一步步走向成功。

要想得到喝彩与掌声，就要付出超人的努力

世界上的雄辩家，有很多都是在最初被认为说话笨拙的人，狄里斯就是其中一个。

狄里斯生于382年，在西欧被称为"历史性的雄辩家"。据说，他的声音很低，而呼吸很短促，口齿不清，旁人经常听不懂他在说些什么。

不过，他的知识非常渊博，因此他的想法也相当深奥，很擅长分析事理，几乎无人能出其右。

当时，在狄里斯的祖国首都雅典，有很严重的政治纷争，因此，能言善辩的人格外受到重视，一向能先提出时代潮流和趋势的狄里斯，认为自己缺乏说话技巧是很不适宜的。于是他作了一番充分的考虑，并且准备好演讲的内容，从容走上了演讲台。但是，很不幸的，他遭到了失败。

原因就在于他那发出的低音和肺活量不足，口齿不清，以至于别人无法听清楚他所说的话。但是，狄里斯并不灰心，他反而比过去更努力，训练自己的胆量和意志力。

他每天都跑到海边去，对着浪花拍打的岩石大声喊叫，回家以后，又对着镜子照自己说的话的口型，作发音练习，一直持续不辍。狄里斯就是这样努力了好几年，直到他27岁时，终于再度走上台向众人演说。

辛苦的努力总算有了成果。他这次盛大的演讲，得到了许多人的喝彩与掌声，而狄里斯的名字也就这样响亮起来。

感 悟

谁都想得到别人的喝彩与掌声，谁都想取得令人羡慕的成功，但这得之不易，需要付出努力，而且要付出超越常人的努力。唯有如此，我们才能超越自己，超越别人。

在失败面前，能否屡败屡战是取得成功的关键

梅西于1882年生于波士顿，年轻时出过海，以后开了一家

小杂货铺，卖些针线。铺子很快就倒闭了。一年后他另开了一家小杂货铺，仍以失败告终。

在淘金热席卷美国时，梅西在加利福尼亚开了个小饭馆，本以为供应淘金客膳食是稳赚不赔的买卖，岂料多数淘金者一无所获，什么也买不起，这样一来，小铺又关门了。

回到马萨诸塞州之后，梅西满怀信心地干起了布匹服装生意，可是这一回他不只是倒闭，而简直是彻底破产，赔了个精光。

不死心的梅西又跑到新英格兰做布匹服装生意。这一回他时来运转了，他买卖做得很灵活，甚至把生意做到了街上的商店。头一天开张时账面上才收入 11.08 美元，而后来位于哈顿中心地区的梅西公司，成为世界上最大的百货商店之一。梅西成了美国百货大王。

让我们再来看一个屡败屡战的事例。

保罗·高尔文是个身强力壮的爱尔兰农家子弟，充满进取精神。13 岁时，他见别的孩子在火车站月台上卖爆玉米花，他不由得被这个行当吸引了，也一头闯了进去。

但是他不懂得，早已占住地盘的孩子们并不欢迎有人来竞争。为了帮他懂得这个道理，他们抢走了他的爆玉米花，把它们全部倒在街上。

第一次世界大战以后，高尔文从部队复员回家，他在威斯康星办起了一家电池公司。可是无论他怎么卖劲折腾，产品依然打不开销路。有一天，高尔文离开厂房去吃午餐，回来只见大门上了锁，公司被查封了，高尔文甚至不能再进去取出他挂在衣架上的大衣。

1926 年他又跟人合伙做起收音机生意来。当时，全美国估计有 3000 台收音机，预计两年后将扩大 100 倍。但这些收音机都是用电池作能源的。于是他们想发明一种灯丝电源整流器来代替电池。这个想法本来不错，但产品还是打不开销路。眼看着生意一天天走下坡路，他们似乎又要停业关门了。

此时高尔文通过邮购销售招揽了大批客户。他手里一有了钱，就办起了专门制造整流器和交流电真空管收音机的公司。可是没出3年，高尔文依然破了产。

这时他已陷入绝境，只剩下最后一个挣扎的机会了。当时他一心想把收音机装到汽车上，但有许多技术上的困难有待克服。

到1930年底，他的制造厂账面上已净欠374万美元。在一个周末的晚上，他回到家中，妻子正等着他拿钱来买食物、交房租，可他摸遍全身只有24美元，而且全是赊来的。

然而，高尔文并没有停止奋斗，经过多年的不懈努力，高尔文终于成了腰缠万贯的富翁。他盖起的豪华住宅，就是用他的第一部汽车收音机的牌子命名的。

感 悟

通向成功之路并非一帆风顺，会遭受很多挫折和失败，成功的关键在于能否屡败屡战。要相信，有失才有得，有大失才能有大得。当你似乎已经走到山穷水尽的绝境的时候，离成功也许仅一步之遥了。

每个人都有天赋，发挥天赋是成功的秘诀

台湾著名漫画家朱德庸，25岁就红透宝岛，《双响炮》《涩女郎》《酷溜族》等作品在台湾经久不衰，他的作品在大陆也非常畅销。但令人想不到的是，小时候的朱德庸却是一个"差生"。

朱德庸天生对图形很敏感，但对文字类的东西接受起来却很困难。在十几年的学生时期，他一直认为自己非常笨。读中学的时候，朱德庸完全没有办法接受刻板的"填鸭式"教育方式，他像个皮球一样被许多学校踢来踢去，就连最差的学校也不愿意招收他。

开始他也像老师们一样认为自己非常笨。十几岁以后才明白，自己不是笨，是有学习障碍。他发现自己天生对文字反应

迟钝，但对图形很敏感。

谈到求学时的痛苦经历，朱德庸说："我的求学过程非常悲惨！学习障碍、自闭、自卑，只有画画使我快乐。"画画是唯一能让朱德庸感到舒心的事情。他说："外面的世界我没法待下去，唯一的办法就是回到自己的世界，因为这个世界里有我的快乐。在学校里受了老师的打击，我敢怒不敢言，但一回到家我就画他，狠狠地画，让他死得非常惨，然后自己的心情就会变好了。"

他的父母为此伤透了脑筋，也吃了很多苦头，他们动不动就被老师叫到学校去，听老师训话，还时常要带着小德庸到各个学校去看人家的脸色，求人家收留这个学生。幸运的是，朱德庸的父母从不给他施加压力，一直任他自由发展。他的爸爸会经常裁好白纸，整整齐齐订起来，给他做画本。

朱德庸后来回忆说："如果我的父母也像学校老师一样逼我学习，那我肯定要死……每个人都有天赋，但是有些人的天赋被他们的家长或者被社会的习惯意识遮盖了，进而就丧失了。"在这一点上朱德庸很感谢自己的父亲，在他小时候非常想画画又总拿着笔画个不停的时候，他的父亲从没有阻止他，相反支持了他。

关于天赋，朱德庸有非常精彩的见解：

"我相信，人和动物是一样的，每个人都有自己的天赋，比如老虎有锋利的牙齿，兔子有高超的奔跑、弹跳力，所以它们能在大自然中生存下来。人也是一样，不过是很多人在成长过程中把自己的天赋忘了，就像有的人被迫当了医生，而他可能是怕血的，那他不会快乐。人们都希望成为老虎，而这其中有很多只能是兔子，久而久之，就成了四不像。我们为什么放着很优秀的兔子不当，而一定要当很烂的老虎呢？社会就是很奇怪，本来兔子有兔子的本能，狮子有狮子的本能，但是社会强迫所有的人都去做狮子，结果出来一批烂狮子。我还好，天赋或者说本能，没有被掐死。"

感 悟

什么是"天赋"?天赋是指上天赋予我们的才能,这种才能是与生俱来的,而且还是与众不同的。每个人都有各自的天赋,即使是智商很低的人也有自己的天赋。找到自己的天赋所在,并发挥自己的天赋,是许多成功人士成功的秘诀。

走一条别人没有走过的路,才能成为一名开拓者

1899年,爱因斯坦在瑞士苏黎世联邦工业大学就读时,他的导师是数学家明可夫斯基。由于爱因斯坦肯动脑、爱思考,深得明可夫斯基的赏识。师徒二人经常在一起探讨科学、哲学和人生。

有一次,爱因斯坦突发奇想,问明可夫斯基:"一个人,比如我吧,究竟怎样才能在科学领域、在人生道路上,留下自己的闪光足迹、做出自己的杰出贡献呢?"

一向才思敏捷的明可夫斯基却被问住了,直到3天后,他才兴冲冲地找到爱因斯坦,非常兴奋地说:"你那天提的问题,我终于有了答案!"

"什么答案?"爱因斯坦迫不及待地抱住老师的胳膊,"快告诉我呀!"

明可夫斯基手脚并用地比画了一阵,怎么也说不明白,于是,他拉起爱因斯坦就朝一处建筑工地走去,而且径直踏上了建筑工人刚刚铺平的水泥地面。在建筑工人们的呵斥声中,爱因斯坦被弄得一头雾水,非常不解地问明可夫斯基:"老师,您这不是领我误入歧途吗?"

"对、对,歧途!"明可夫斯基顾不得别人的指责,非常专注地说,"看到了吧?只有这样的'歧途',才能留下足迹!"

然后,他又解释说:"只有新的领域、只有尚未凝固的地方,才能留下深深的脚印。那些凝固很久的老地面,那些被无数人、无数脚步涉足的地方,别想再踩出脚印来……"

听到这里,爱因斯坦沉思良久,非常感激地对明可夫斯基说:"恩师,我明白您的意思了!"

从此,一种非常强烈的创新和开拓意识,开始主导着爱因斯坦的思维和行动。他曾经说过这样的话:"我从来不记忆和思考词典、手册里的东西,我的脑袋只用来记忆和思考那些还没载入书本的东西。"

于是,就在爱因斯坦走出校园,初涉世事的几年里,他作为伯尔尼专利局里默默无闻的小职员,利用业余时间进行科学研究,在物理学3个未知领域里,齐头并进,大胆而果断地挑战并突破了牛顿力学。在他刚刚26岁的时候,就提出并建立了狭义相对论,开创了物理学的新纪元,为人类做出了卓越的贡献,在科学史册上留下了深深的闪光的足迹。

感 悟

要想获得成功,就要有一种强烈的创新和开拓意识。怎样才能做到这一点呢?那就是从我们未知的领域入手,向别人没有涉足的地方迈进。只有这样,才能在你所涉及的领域中,成为一个开拓者,并会留下闪光的足迹。

选择一条自己的路,并且要一路走好

巴黎面包师傅波廉做的法国黑面包,全球畅销。

波廉从父亲手中接下面包店时,他立志走不一样的路。所以,他决定不做新口味面包,而是找回几乎已被人们遗忘的老口味的面包。

波廉花了两年时间,登门求教了1万多个老烘焙师傅。等研究结束,他已经尝了75种从没吃过的面包,而且还就整个研究过程写了本书。这本书至今仍是法国各地烹饪学校的必备教科书之一。此外,他还有一间专门收集各种有关面包书籍的私人图书馆,里面藏书超过2000册。

经过这番长期研究,波廉发现以前的法国面包是黑面包,而不是现在人们熟悉的白面包。波廉解释说:"传统的黑面色,

因为是穷苦人家吃的,第二次世界大战以后,几乎销声匿迹。而来自外地的白面包,象征有钱及自由,于是成为新宠。"

基于民族情感和市场定位,波廉不做白面包,他将全部精力投入复古味的黑面包。

其实,面包师傅所做的工作并不特别复杂或困难,但是必须全神贯注。波廉说:"3种相同的原料就能做出千种以上不同的面包,这是因为水与面粉混合比例、生产地气候、发酵时间,甚至烤炉设计及燃料来源,都会影响面包的味道。"因此,波廉坚持要用砖及黏土制造的烤炉,而且燃料一定要用木材。他发现唯有如此,生产出来的面包,送到其他地方再加温就能保持原味。

由于各地条件不一定能够完全配合,波廉也就没有在全球各地升分店。为了做世界各地的生意,波廉便将面包厂设在巴黎机场附近,然后依靠机场旁的联邦快递转运中心,及时将面包送到世界各地。

波廉的面包顾客满天下,受到世界人们的喜爱。

感 悟

无论做什么,都要全心地投入。选择好了自己要做的事,就要专心致志、全力以赴地去做;选择了一条自己的路,就要一路走好。只有这样,才能超越别人并有所成就。

信心加上行动,是实现梦想的途径

1968年的春天,罗伯·舒乐博士立志在加州用玻璃建造一座水晶大教堂。

他向著名的设计师菲力浦·约翰森表达了自己的构想:"我要的不是一座普通的教堂,我要在人间建造一座伊甸园。"

约翰森问他预算时,舒乐博士坚定而明快地说:"我现在一分钱也没有,然而100万美元与400万美元的预算对我来说没有区别。重要的是,这座教堂本身要具有足够的魅力来吸引捐款。"

教堂最终的预算为700万美元，700万美元对当时的舒乐博士来说是个超出了能力范围、甚至超出了理解范围的数字。

当天夜里，舒乐博士拿出一页白纸，在最上面写上"700万美元"，然后又写下10行字：

1. 寻找1笔700万美元的捐款；
2. 寻找7笔100万美元的捐款；
3. 寻找14笔50万美元的捐款；
4. 寻找28笔25万美元的捐款；
5. 寻找70笔10万美元的捐款；
6. 寻找100笔7万美元的捐款；
7. 寻找140笔5万美元的捐款；
8. 寻找280笔2.5万美元的捐款；
9. 寻找700笔1万美元的捐款；
10. 卖掉10000扇窗，每扇700美元。

60天后，舒乐博士用水晶大教堂奇特而美妙的模型打动了富商约翰·可林，他捐出了第一笔100万美元。

第65天，一位倾听了舒乐博士演讲的农民夫妇，捐出了1000美元。

第90天，一位被舒乐孜孜以求精神所感动的陌生人，在生日的当天寄给舒乐博士一张100万美元的银行支票。

8个月后，一名捐款者对舒乐博士说："如果你的诚意与努力能筹到600万美元，剩下的100万美元由我来支付。"

第二年，舒乐博士以每扇500美元的价格请求美国人，认购水晶大教堂的窗户，付款的办法为每月50美元，10个月分期付清。6个月内，1万多扇窗户全部售出。

1980年9月，历时12年，可容纳1万多人的水晶大教堂竣工，成为世界建筑史上的奇迹与经典，也成为世界各地前往加州的人必去观赏的胜景。

水晶大教堂最终的造价为2000万美元，全部是舒乐博士一点一滴筹集而来的。

感 悟

人们常说，行动是最美的誓言。但行动往往需要一种内在的动力来支撑，这种内在的动力就是信心。面对困难，只要我们树立坚定的信心，再配合以积极的行动，心中的梦想就会变成现实。

在一连串的挫折中，要坚守自己的使命

奥古斯特·罗丹，19世纪法国伟大的雕塑家，西方近代雕塑史上继往开来的一代大师，他的雕塑作品《思想者》是现代世界最著名的塑像。

罗丹出生于巴黎拉丁区的一个公务员家庭。父亲一直希望罗丹能掌握一门手艺，过殷实的生活。但是罗丹从小醉心于美术，为此，父亲曾撕毁罗丹的画，将他的铅笔投入火炉。罗丹的功课都很差，上课时也在画画，老师曾用戒尺狠狠打他的手，使他有一个星期不能握笔。在姐姐的资助下，罗丹上了一所工艺美校，在此，他学习了绘画和雕塑的一些基本知识，并立下志向要当一名雕塑家，并把雕塑作为自己的使命。

罗丹去报考著名的巴黎美专，可能是由于他的作品太不合主考者的胃口，一连3次都没有被录取。罗丹遭到如此挫折，决心再也不投考官方的艺术学校了。不久，一直资助他的姐姐病逝，罗丹心灰意懒，决心进修道院去赎罪。后来，在修道院长的鼓励下，罗丹重新树立起从事艺术的志愿，于半年后离开了修道院。

在罗丹几乎丧失信心的时候，他在工艺美校时的老师勒考克一直鼓励着他。同时他遇到了他的模特儿兼伴侣罗丝，开始了他的创作生涯。

罗丹创作的头像《塌鼻人》遭到了学院派的轻视，但罗丹仍然夜以继日地工作着。他曾在比利时与雕塑家范·拉斯堡合作，稍稍有了一点积蓄。利用这点钱，罗丹访问了意大利的佛罗伦萨、罗马等地，研究了那里保存的各个时期的艺术大师的作品。这次游历使罗丹获得极大的收获，回布鲁塞尔后就创作出了精

心构制的作品《青铜时代》。

由于雕像过于逼真，罗丹竟被指控从尸身上模印。罗丹百般申辩，经过官方长时间的调查，才证明这确系罗丹的艺术创作，一场风波就此平息，而罗丹的名声也由此传开了。

从比利时回到法国，罗丹的创作已部分地受到了上流社会的承认。1880年，他接受政府的委托，为筹建实用美术博物馆设计大门。罗丹以意大利诗人但丁《神曲》中的《地狱篇》为题材，构思了规模宏大的《地狱大门》。这件作品整个创作前后费时达20年，最后也没有正式完成，但部分构思却在别的作品中有了体现。

1891年，罗丹受法国文学协会之托制作的巴尔扎克纪念像再一次遭到非议，一些人认为作品太粗陋草率，像一个裹着麻袋片的醉汉。文学协会在舆论哗然之下，拒绝接受这个纪念像。

但是在1900年巴黎三国博览会上，一个专设的展厅陈列了罗丹的171件作品，成为艺术界的盛举。成千上万的人涌来看《地狱之门》《巴尔扎克》《雨果》，来自世界各国的艺术家和社会名流纷纷向罗丹表示祝贺和敬意。罗丹在法国之外的世界获得了极大的声誉，各国博物馆争相购买他的作品，以致能得到罗丹的作品成为一时的时髦事。罗丹终于获得了成功。

1904年，罗丹被设在伦敦的国际美术家协会聘为会长，罗丹的荣誉达到了一生的顶点。

罗丹并未就此止步，他唯一的生命便是雕塑。罗丹开始雕塑比真人还大一倍的《思想者》。罗丹亲身感受到脱离了兽类之后的思想者承受的压力，他通过塑像来表现这种拼搏的伟大。这是罗丹最后一部史诗性的作品，当塑像完成后，他也筋疲力尽了。

感 悟

使命感是人们赋予自身的一种责任感。一个具有使命感的人，往往具有顽强的意志力，能在一连串的挫折中经受住考验，从而锤炼自己的意志力，使自己成为一个勤奋、勇敢和富有创新精神的人。

不要惧怕失败，因为失败是通往成功的铺路石

博通早年埋头于发明创造，他先是发明了脱水肉饼干，但却未给他带来多少好处，相反，却使他在经济上陷入窘境。有了第一次失败的教训，又经过两年反反复复的试验，他终于又制成了一种新产品——炼乳，并决定把它推向市场。博通的第一步是要寻找专利保护。

博通发明的炼乳，是一种纯净、新鲜的牛奶，牛奶中的大部分水分在低温中利用真空抽掉。但是，博通为他的制造方式寻求专利权时，得到的答复是产品缺乏新意，并且，专利局的官员告诉他，在已批准的专利申请存档中已经有数十种"脱水乳"的专利权，其中包括一种"以任何已知方法脱水"。博通并不甘心，又一次提出申请。但他的第二次申请再度被驳回，因为专利官员判定"真空脱水"并非必要的过程，博通只是被认为制作态度比较谨慎而已。第三次申请仍被拒绝，理由是博通未能证明"从母牛身上挤出的新鲜牛奶在露天地方脱水"与其他的制作方式的目的不一致。

虽然3次申请，3次被驳回，但这并未把博通击倒。他对专利权仍然穷追不舍，因为他坚信他的创造。他的第四次申请终于被批准了。

然而，虽然有了专利权，推销新产品也不是一帆风顺的。博通的工厂是由一家车店改造的，租金便宜，刚开业时，博通每天花费18个小时在厂里指导炼乳的生产方法，监督生产程序，检查卫生清洁情况。由于附近有纯正、营养丰富的牛奶供应，因而炼乳的成本较低。

于是，博通小心地挑选一位社区领袖做他的第一位顾客，因为这位社区领袖对炼乳的意见会有助于巩固新公司及其新产品在该地区的地位，而且这位社区领袖对产品也表示了赞赏。但是，当时当地的顾客习惯的是把掺有水分的牛奶放入一些发酵品，进行蒸馏，他们只觉得炼乳稀奇古怪，对它有疑心，所以，

很少有人问津。出师屡屡不利,甚至到了山穷水尽的地步——博通的两位合伙人都失去了信心,第一家炼乳厂被迫关闭了。

在失败面前,博通破釜沉舟,又建起了新厂,他的第二次尝试终于获得了成功。他的公司在他逝世时,已成为美国具有领导地位的炼乳公司。博通的奋斗奠定了现代牛奶工业生产的基石。

在博通的墓碑上,有这样一段墓志铭:"我尝试过,但失败了。我一再尝试,终于成功。"这正是对他一生的总结,这对每个渴望成功的人也是一种激励。

感 悟

失败绝不会是致命的,除非你认输。失败也并不可怕,可怕的是在失败中垂头丧气。每一个有所成就的人,无不是经历了一个个的失败而走向成功的。因此,要想成功,就不应该惧怕失败,因为失败是通往成功的铺路石。

只有善待失败,才能避免再次失败

罗森沃德是美国最大的百货公司西尔斯—娄巴克公司的最大股东,他也是美国20世纪商界的风云人物。然而,这个做服装生意起家的富翁却也经历了许多创业时的失败与艰辛。

罗森沃德1862年出生在德国的一个犹太人家庭,少年时随家人移居美国,定居在伊利诺伊州斯普林菲尔德市。

罗森沃德的家境不大好,为了维持生活,中学毕业后,他就到纽约的服装店做些杂工。罗森沃德从年幼时就受犹太人的教育影响,骨子里有一种艰苦奋斗的精神。他确信凡人都有出头之日,一个人只要选定了目标,然后坚持不懈地往目标迈进,百折不挠,胜利一定会酬报有心人的。罗森沃德本着这种信念,十分卖力地赚了一些钱。

"我要当一个服装老板。"这是罗森沃德的奋斗目标。为了实现这个目标,他除了在工作中留心学习和注意动态外,把全部的业余时间用于学习商业知识,找有关的书刊阅读。到

1884年，他自认为有些经验和小本金了，决定自己开设服装店。可是，他的商店门可罗雀，生意极不佳，经营了一年多，把多年辛苦积蓄的一点血汗钱全部亏光了，商店只好关门，罗森沃德垂头丧气地离开纽约，回伊利诺伊州去。

痛定思痛，罗森沃德反复思考自己失败的原因。最后，他找出了原因：服装是人们的生活必需品，但又是一种装饰品，它既要实用，又要新颖，这才能满足各种用户的需求。而自己经营的服装店，没有自己的特色，也没有任何新意，再加上自己的商店未建立起商誉，没有销售渠道，那注定是要失败的。

针对自己出师不利的原因，罗森沃德决心改进，他毫不气馁地继续学习和研究服装的经营办法。他一边到服装设计学校去学习，一边进行服装市场考察，特别是对世界各国的时装进行专门研究。一年后，他对服装设计很有心得，对市场行情也看得较为清楚。于是，决定重整旗鼓，向朋友借来几百美元，先在芝加哥开设了一间只有10多平方米的服装加工店，他的服装店除了展出他亲自设计的新款服式图样外，还可以根据顾客的需求对已定型的服装进行改进，甚至完全按顾客的口述要求重新设计。因为他的服装设计款式多，新颖精美，再加上其灵活经营，很快博得了客户的欣赏，生意十分兴旺。两年后，他把自己的服装加工店扩大了数十倍，改为服装公司，大批量生产各种时装。

从此以后，他声名鹊起，财源广进。

感 悟

真正的失败是同样失败的再度反复。第一次不成功并不足耻，可是如果第二次又犯了同样的过错，就不值得原谅了。我们应该善待失败。在失败的基础上总结教训，这样才能避免再次失败。从某种意义上说，避免了失败就会走向成功。

不必知道有多难，无知者才能无畏

1796年的一天，德国哥廷根大学，一个19岁的青年吃完晚饭，开始做导师单独布置给他的每天例行的数学题。正常情况下，这个青年总是在两个小时内完成这项特殊作业。

像往常一样，前两道题目在两个小时内顺利地完成了。第三道题写在一张小纸条上，是要求只用圆规和一把没有刻度的直尺做出正17边形。青年没有在意，像做前两道题一样开始做起来。然而，做着做着，青年感到越来越吃力。

困难激起了青年的斗志：我一定要把它做出来！他拿起圆规和直尺，在纸上画着，尝试着用一些超常规的思路去解这道题。当窗口露出一丝曙光时，青年长舒了一口气，他终于做出了这道难题。

作业交给导师后，导师当即惊呆了。他用颤抖的声音对青年说："这真是你自己做出来的？你知不知道，你解开了一道有两千多年历史的数学悬案？阿基米德没有解出来，牛顿也没有解出来，你竟然一个晚上就解出来了！你真是天才！我最近正在研究这道难题，昨天给你布置题目时，不小心把写有这个题目的小纸条夹在了给你的题目里。"

多年以后，这个青年回忆起这一幕时，总是说："如果有人告诉我，这是一道有两千多年历史的数学难题，我不可能在一个晚上解决它。"

这个青年就是后来成为"数学王子"的高斯。

感 悟

有些事情，在不知道它到底有多难时，我们敢去做，做起来往往也很轻松。这就是人们常说的无知者无畏。所以，在做某些事时，我们不必知道它到底有多难，只管去做就是了，这样往往会做得更好。

把一件事坚持做下去，坚持到底就会胜利

24 岁的约翰逊是一位平凡的美国人，他以母亲的家具做抵押，得到了 500 美元贷款，开办了一家小小的出版公司。

他创办的第一本杂志是《黑人文摘》。为了扩大发行量，他有了一个非常大胆的想法：组织一系列以"假如我是黑人"为题的文章，请白人在写文章的时候把自己摆放在黑人的地位上，严肃地来看待这个问题。

他想，如果请罗斯福总统的夫人埃莉诺来写一篇这样的文章是最好不过了。于是，约翰逊便给罗斯福夫人写了一封请求信。

罗斯福夫人给约翰逊回了信，说她太忙，没有时间写。约翰逊见罗斯福夫人没有说自己不愿意写，就决定坚持下去，一定要请罗斯福夫人写一篇文章。

一个月后，约翰逊又给罗斯福夫人发去了一封信。夫人回信仍说太忙。此后，每过一个月，约翰逊就给罗斯福夫人写一封信。罗斯福夫人也总是回信说连一分钟的空闲也没有。约翰逊依然坚持发信，他相信，只要他坚持下去，总有一天夫人是会有时间的。

一天，他在报上看到了罗斯福夫人在芝加哥发表谈话的消息。他决定再试一次。他打了一份电报给罗斯福夫人，问她是否愿意趁在芝加哥的时候为《黑人文摘》写那样一篇文章。

罗斯福夫人终于被约翰逊的坚忍感动了，寄来了文章。结果，《黑人文摘》的发行量在一个月之内由 5 万份增加到 15 万份。这次事件成为约翰逊事业的重要转折点。

后来，约翰逊的出版公司成为美国第二大的黑人企业。

感 悟

做任何一件事，都要有始有终，坚持把它做完。不要轻易放弃，如果放弃了，你就永远没有成功的可能。如果遭受挫折时，你要反复告诉自己："把这件事坚持做下去。"

不要半途而废，尤其是在快要成功的时候

有一位熨衣工人住在拖车房屋中，周薪只有60元。他的妻子上夜班，虽然夫妻俩都工作，但赚到的钱也只能勉强糊口。他们的婴儿耳朵发炎，他们只好连电话也拆掉，省下钱去买抗生素治病。

这位工人希望成为作家，夜间和周末都不停地写作，打字机的噼啪声不绝于耳。他的余钱全部用来付邮费，寄原稿给出版商和经纪人。

他的作品全给退回了。退稿信很简短，非常公式化，他甚至不敢确定出版商和经纪人究竟有没有真的看过他的作品。

一天，他读到一部小说，令他记起了自己的某本作品，他把作品的原稿寄给那部小说的出版商，出版商把原稿交给了皮尔·汤姆森。

几个星期后，他收到汤姆森的一封热诚亲切的回信，说原稿的瑕疵太多。不过汤姆森的确相信他有成为作家的希望，并鼓励他再试试看。

在此后的18个月里，他又给编辑寄去两份原稿，但都退还了。他开始试着写第四部小说，不过由于生活逼迫，经济上捉襟见肘，他开始放弃希望。

一天夜里，他把原稿扔进垃圾桶。第二天，他的妻子把它捡回来。"你不应该半途而废，"妻子告诉他，"特别是在你快要成功的时候。"

他瞪着那些稿纸发愣。也许他已不再相信自己，但他的妻子却相信他会成功。一位他从未见过面的纽约编辑也相信他会成功。因此，每天他都写1500字。

写完了以后，他把小说寄给汤姆森，不过他以为这次又准会失败。可是他错了，汤姆森的出版公司预付了2500美元给他。

这个人就是史蒂芬·金，史蒂芬·金的经典小说《嘉莉》也就这样诞生了。这本小说后来销了500万册，还被摄制成电影，成为1976年最卖座的电影之一。

感 悟

没有人能一步登天,失败只是暂时的。不要因为暂时的失败而半途而废,尤其是在快要成功的时候,只要再坚持一下,就会拥抱成功。

不计较一时的得失,才能成就大事业

日本东京岛村产业公司及丸芳物产公司董事长岛村芳雄,不但创造了著名的"原价销售法",还利用这种方法,由一个一贫如洗的店员变成一位产业大亨。

岛村芳雄初到东京的时候,在一家包装材料厂当店员,薪金十分微薄,时常囊空如洗。由于没钱买东西,岛村下班后唯一的乐趣就是在街头闲逛,欣赏行人的服装和他们所提的东西。

有一天,岛村又像往常一样在街上漫无目的地溜达,无意中,他发现许多行人手中都提着一个纸袋,这些纸袋是买东西时商店给顾客装东西用的。一个念头在岛村的脑中闪现了,他认定这种纸袋一定会风行一时,做纸袋生意一定会大赚一笔钱。

考虑到自己一无经验,二无资金,岛村创造了一种新的销售方法,即"原价销售法",从而在激烈的商业竞争中站稳了脚跟,并为日后的发展打下了雄厚的基础。

所谓"原价销售法",就是以一定的价格买进,然后以同样的价格卖出,在这个过程中,中间商没有赚一分钱。岛村先往麻产地冈山的麻绳商场,以5角钱的价格大量买进45厘米规格的麻绳,然后按原价卖给东京一带的纸袋工厂。这种完全无利润的生意做了一年后,在东京一带的纸袋工厂中,人们都知道"岛村的绳索确实便宜",订货单也像雪片一样,从各地源源而来。

见时机成熟,岛村便开始着手实施自己的第二步行动。他先拿着购货收据,前去订货客户处诉苦:"你们看,到现在为止,我是一毛钱也没有赚你们的。如果再让我这样继续为你们服务的话,我便只有破产这条路可走了。"

交涉的结果是，客户为岛村的诚实和信誉所感动，心甘情愿地把交货价格提高为5角5分钱。

接下来，岛村又与冈山麻绳厂商洽谈："您卖给我一条5角钱，我是一直按原价卖给别人，因此才得到现在这么多的订货。如果这种赔本生意让我继续做下去的话，我只有关门倒闭了。"

冈山的厂商一看岛村开给客户的收据存根，大吃了一惊。这样甘愿做不赚钱生意的人，他们还是生平第一次遇到。于是，这些厂商们没有多加考虑，就把价格降低为一条4角5分。

如此一来，以当时一天1000万条的交货量来计算，岛村一天的利润就可以达到100万元。创业两年后，岛村就成为名满天下的人。

感 悟

真正的智者，真正有抱负、有理想的人，不会计较一时的得失，他们往往把眼光投向更远处，看到自己此时的损失能够为未来带来的好处。

敢于创造条件的人，才可以创造成功

在1995年的时候，法国记者博迪突然心脏病发作，导致四肢瘫痪，而且丧失了说话的能力。

被病魔袭击后的博迪躺在医院的病床上，头脑清醒，但是全身的器官中，只有左眼还可以活动。

可是，他并没有被病魔打倒，虽然口不能言，手不能写，他还是决心要把自己在病倒前就开始构思的作品完成并出版。

出版商便派了一个叫门迪宝的笔录员来做他的助手，每天工作6小时，给他的著述做笔录。

博迪只会眨眼，所以就只有通过眨动左眼与门迪宝来沟通，逐个字母地向门迪宝背出他的腹稿，然后由门迪宝抄录出来。门迪宝每一次都要按顺序把法语的常用字母读出来，让博迪来选择，如果博迪眨一次眼，就说明字母是正确的。如果是眨两次，则表示字母不对。

由于博迪是靠记忆来判断词语的,因此有时就可能出现错误,有时他又要滤去记忆中多余的词语。开始时他和门迪宝并不习惯这样的沟通方式,所以中间也产生了不少障碍和问题。刚开始合作时,他们每天用6小时默录词语,每天只能录1页,后来慢慢增加到了3页。

历经几个月的艰辛之后,他们终于完成这部著作。据粗略估计,为了写这本书,博迪共眨了左眼20多万次。

这本不平凡的书有150页,已经出版,它的名字叫《潜水衣与蝴蝶》。

感 悟

成功是需要很多条件的,比如,健全的体魄、聪明的头脑、坚忍不拔的精神等,但这些条件并不是每个人都能具备的。一个成功者,首先就在于,他从不苛求条件,而是竭力创造条件——哪怕他只剩了一只可以眨动的眼睛。

看似不可能的事,完全可以变为可能

有一家效益相当好的大公司,为扩大经营规模,决定高薪招聘一名营销主管。广告一打出来,报名者云集。

面对众多应聘者,招聘工作的负责人说:"相马不如赛马,为了能选拔出高素质的人才,我们出一道实践性的试题:就是想办法把木梳尽量多地卖给和尚。"

绝大多数应聘者都感到困惑不解,甚至愤怒:出家人要木梳何用?这不明摆着拿人开涮吗?于是纷纷拂袖而去,最后只剩下3个应聘者:甲、乙和丙。

负责人交代:"以10日为限,届时向我汇报销售成果。"

10日后。

负责人问甲:"卖出多少把?"答:"1把。""怎么卖的?"甲讲述了历尽的辛苦,游说和尚应当买把梳子,没有收到效果,还惨遭和尚的责骂。好在下山途中遇到一个小和尚一边晒太阳,一边使劲挠着头皮。甲灵机一动,递上木梳,小和尚用后满心欢喜，于是买下一把。

负责人问乙："卖出多少把？"答："10把。""怎么卖的？"乙说他去了一座名山古寺，由于山高风大，进香者的头发都被吹乱了，他找到寺院的住持说："蓬头垢面是对佛的不敬。应在每座庙的香案前放把木梳，供善男信女梳理鬓发。"住持采纳了他的建议。那山有10座庙，于是买下了10把木梳。

负责人问丙："卖出多少把？"答："1000把。"负责人惊问："怎么卖的？"丙说他到一个颇具盛名、香火极旺的深山宝刹，朝圣者、施主络绎不绝。丙对住持说："凡来进香参观者，多有一颗虔诚之心，宝刹应有所回赠，以做纪念，保佑其平安吉祥，鼓励其多做善事。我有一批木梳，您的书法超群，可写上'积善梳'3个字，便可做赠品。"住持大喜，立即买下1000把木梳。得到"积善梳"的施主与香客也很是高兴，一传十、十传百，朝圣者更多，香火更旺。

毫无疑问，最后丙得到了那个职位。

感 悟

对于有些人来说，"不可能"这3个字，就是一座不可逾越的高山，在它面前会止住前进的脚步。而对于有些人来说，"不可能"这3个字，却是一条通向成功彼岸的大船。原因在于，后者拥有信心和积极的思考，而前者正是缺乏信心和积极的思考。

留心才能生悟，熟练才能生巧

有这样一个广为流传的故事。

明朝万历年间，中国北方的女真为患。皇帝为了要抗御强敌，决心整修万里长城。当时号称天下第一关的山海关，却早已年久失修，其中"天下第一关"的题字中的"一"字，已经脱落多时。

万历皇帝募集各地书法名家，希望恢复山海关的本来面貌。各地名士闻讯，纷纷前来挥毫，但是依旧没有一人的字，能够表达天下第一关的原味。皇帝于是再下诏书,只要能够中选的,就能够获得重赏。经过严格的筛选,最后中选的竟是山海关旁一家客栈的店小二,真是出乎大家的意料之外。

在题字当天,会场被挤得水泄不通,官家也早就备妥了笔墨纸砚,等候店小二前来挥毫。只见主角抬头看着山海关的牌楼,舍弃了狼毫大笔不用,拿起一块抹布往砚台里一沾,大喝一声:"一",十分干净利落,立刻出现绝妙的一字。旁观者莫不给予惊叹的掌声。

有人好奇地问他成功的秘诀,他久久无法回答。后来勉强答道,其实,我想不出有什么秘诀,我只是在这里当了30多年的店小二,每当我在擦桌子时,我就望着牌楼上的"一"字,一挥一擦就这样而已。

原来这位店小二的工作地点,正好面对山海关的城门,每当他弯下腰,拿起抹布清理桌上的油污之际,刚好这个视角,正对准"天下第一关"的"一"字。因此,他不由自主地天天看、天天擦,数十年如一日,久而久之,就熟能生巧,巧而精通,这就是他能够把这个"一"字,临摹到炉火纯青,惟妙惟肖的秘诀。

感 悟

人生中有许多美好的事物值得我们去留心,只有处处留心,才能有所感悟,才能渐渐地提高悟性。反复练习才能做到熟能生巧,把一项本领练到这种境界,成功就是自然而然的事了。

只要专注于一件事,年龄往往可以忽略不计

哈里·莱伯曼是个很喜欢下棋的老人,每天必到老年俱乐部和棋友下几个小时,下完棋后散步回家,日子过得闲适和安逸。

有一次,哈里·莱伯曼的棋友突然病了,没办法和他下棋了。俱乐部的管理员为他安排了其他的老人做他的棋友,他感觉不太适应,所以就放弃了。老人心情沮丧地准备回家,打算明天

再来。这时俱乐部管理员建议:"你可以试着尝试另一种娱乐方式,譬如去绘画。"

在俱乐部管理员的建议下,哈里·莱伯曼来到了俱乐部的画室,画室里摆着许多画,还有许多作画的工具。

俱乐部管理员说:"先生,您可以先在这里试着画一画。"

哈里·莱伯曼听了哈哈大笑:"你说什么,让我在这里作画,可是我从来没有摸过画笔。"

俱乐部管理员鼓励他说:"那有什么关系,您可以试着画一幅,说不定你觉得感兴趣呢。"

于是,哈里·莱伯曼来到画架前,平生第一次摆弄起了画笔和颜料。哈里·莱伯曼在画室里待了一下午,觉得这一切真的很有意思,便对画画产生了兴趣,那一年他80岁。

哈里·莱伯曼决定学画,别人都以为他说笑话,80岁高龄的人,头昏眼花,能画好吗?他还有多少时间画画呢?但他学了,而且学得很好。

哈里·莱伯曼81岁的时候,他到学校去上绘画课,开始积累绘画知识。他把自己的时间全部倾注在绘画上。他画的不但好,而且很特别。

1977年,洛杉矶一家颇有名望的艺术陈列室举办了一次主题为"哈里·莱伯曼101岁"的画展。哈里·莱伯曼的作品被许多收藏家高价收藏,他的作品富有活力和想象力,运笔、意境俱佳,得到了评论界高度的评价。

哈里·莱伯曼创造了世界画坛上两个奇迹:一是高龄学画;二是画有所成。

感 悟

在某些事情面前,不要找借口说自己没有时间去做,不要找借口说自己的年龄大了已力不从心。事实上,一个人只要专注于一件事,年龄对于他来说,往往是可以忽略不计的。

第四章 踩着失败走向成功

无论环境如何困苦,我们都不要向它低头

安徒生很小的时候,他当鞋匠的父亲就过世了,留下他和母亲二人过着贫困的日子。

一天,他和一群小孩应邀到皇宫里去晋见王子,请求赏赐。他满怀希望地唱歌、朗诵剧本,希望他的表现能获得王子的赞赏。

等到表演结束后,王子和蔼地问他:"你有什么需要我帮助的吗?"

安徒生自信地说:"我想写剧本,并在皇家剧院演出。"

王子把眼前这个有着小丑般大鼻子,和一双忧郁眼神的笨拙男孩从头到脚看了一遍,对他说:"背诵剧本是一回事,写剧本又是另外一回事,我劝你还是去学习一门有用的手艺吧!"

但是怀抱梦想的安徒生回家后不但没有去学糊口的手艺,却打破了他的存钱罐,向母亲道别,到哥本哈根去追寻他的梦想。他在哥本哈根流浪,敲过所有哥本哈根贵族家的门,没有人理会他,他从未想到退却。他一直写作史诗、爱情小说,但从未引起人们的注意。他虽然伤心,但仍然坚持写了下去。

1825年,安徒生随意写的几篇童话故事,出乎意料地引起了儿童的争相阅读,许多读者渴望他的新作品发表,这一年,他30岁。

直至今日,《皇帝的新装》《丑小鸭》等许多安徒生所写的童话故事,仍陪伴着世界上许多儿童健康地成长。

感 悟

人生不可能一帆风顺。因此,无论环境如何困苦,无论遇到多少失败和挫折,我们都不要向它低头,一定要坚持、坚持、再坚持。只有这样,我们才能挺直身躯,让自己的努力开出缤纷的花。

第五章

不要在不经意间，
错过一些最重要的东西

喜欢一个人，就要告诉对方。人生中有一些极美、极珍贵的东西，如果不好好留心和把握，便常常会失之交臂，甚至一生难得再遇、再求。不要在不经意间，错过可能是你一生中最重要的东西。

输掉了比赛并不重要，重要的是要赢得人生

有一座山，高耸入云，飞鸟难越，没有人知道它有多高。山前山后有两条路可供攀登，前山大路石级铺就，笔直坦荡；后山小路，荆棘丛生，蜿蜒曲折。

一天，有父子3人来到山脚下。父亲举手遮阳，眺望峰顶，声如洪钟："你俩比赛爬上这山。上山有两条路，大路平而近，小路险而远。选择哪条路，你们自己定夺。"

哥俩思忖再三，各自凭着自己的选择，踏上征程。

时间过去了两个月，一个西装革履的身影出现在峰顶，哥哥走来了。他面色潮红，略显发福，头发油光可鉴。他骄傲地掸了一下笔挺的襟袖，走向充满期待的父亲，说："我赢了，我赢了！这一路真是春风得意。在坦荡的大路上我只需向前，向前！舒缓的坡度让我走得从容，平整的石阶使我心旷神怡。这里没有岔道让我伤神，没有突出的山石绊脚。我的心灵没有欺骗我，是英明的选择助我胜利。实践证明：在平坦和崎岖间，只有傻瓜才会放弃平坦，选择崎岖。聪明的选择使我有了多么得意的旅程啊。我获得了胜利，我理当获得胜利！"

父亲慈祥地看着他："你选择得的确聪明，一路走得也十分风光，我的好儿子……"

这之后不知过了不久，又一个身影出现了。他步伐稳健，全身充满着生命的活力。尽管他瘦削，衣衫褴褛，但双目炯炯有神，透着聪慧与睿智。

弟弟微笑着走向父亲和哥哥，从容地讲起路上的故事："哦，这是多么有意义的一次旅程！感谢您，父亲，感谢您给我选择的机会。一路上陡峭的山崖阻挡着我攀爬的脚步，丛生荆棘刺破了我裸露的臂膊，疲惫的身心增添着孤独的酸楚。但我坚持住了，终于我学会了灵活与选择，学会了机敏与自护，学会了独立与坚忍。路边美丽景色，使我放慢脚步享受自然的馈赠。在山脚下，我看见山花烂漫，彩蝶翩翩，于是我与山花同歌，

伴彩蝶共舞。在山腰,我看见绿草如茵,华木如盖,清澈的小溪静静流淌在林间,朝圣的百鸟尽情放歌于林梢。我拥抱自然的和弦,追逐欢快的节奏。这些往往是我最快乐的时光。可更多的时候是阴冷浓雾的环抱,荆榛丛棘的阻隔。放眼望去,黄叶连天,衰草满路,但我在黄叶林中看到丰硕的果实,从衰草丛里悟出新生的希望。我感觉自己在成熟,一点一点地成熟。再往上,是没有一点生机的寒风和石砾,我曾想放弃,但曾经的艰辛温暖着我,启迪着我,给我力量,给我信心,使我忘掉比艰险更艰险的死寂,抛掉比痛苦更痛苦的迷茫!我最终到达了这里!一路上,我阅尽山间春色,也饱尝征途冷暖,为此,我感谢您,父亲,感谢您给我选择的权利,我从自己心灵的选择中懂得了很多很多……"

哥哥眼中露出不解,但旋即消失,他不无轻蔑地说:"可是你输了!"

"是的,"父亲遗憾地说,"孩子,你输掉了比赛……"

弟弟极目远方,脸上露出平和的微笑:"但,我赢得了人生!"

事实正如弟弟说得那样。

多年以后,哥哥平平庸庸,而弟弟则事业有成。

感 悟

在每个人的人生中,都会面临许多比赛。很多时候,比赛的结果并不重要,重要的是比赛的过程。在过程中,才能学到本领,才能悟出一些道理。输掉了比赛并不重要,重要的是要赢得人生。

生命中有很多事,需要慢慢去等

一对情侣在咖啡馆里发生了口角,互不相让。然后,男孩愤然离去,只留下他的女友独自垂泪。

心烦意乱的女孩搅动着面前的那杯清凉的柠檬茶,泄愤似地用匙子捣着杯中未去皮的新鲜柠檬片,柠檬片已被她捣得不成样子,杯中的茶也泛起了一股柠檬皮的苦味。

第五章 不要在不经意间，错过一些最重要的东西

女孩叫来侍者，要求换一杯剥掉皮的柠檬泡成的茶。

侍者看了一眼女孩，没有说话，拿走那杯已被她搅得很混浊的茶，又端来一杯冰冻柠檬茶，只是，茶里的柠檬还是带皮的。原本就心情不好的女孩更加恼火了，她又叫来侍者。

"我说过，茶里的柠檬要剥皮，你没听清吗？"她斥责着侍者。

侍者看着她，他的眼睛清澈明亮。"小姐，请不要着急。"他说道，"你知道吗，柠檬皮经过充分浸泡之后，它的苦味溶解于茶水之中，将是一种清爽甘甜的味道，正是现在的你所需要的。所以请不要急躁，不要想在3分钟之内就把柠檬的香味全部挤压出来，那样只会把茶搅得很混，把事情弄得一团糟。"

女孩愣了一下，心里有一种被触动的感觉，她望着侍者的眼睛，问道："那么，要多长时间才能把柠檬的香味发挥到极致呢？"

侍者笑了："12个小时。12个小时之后柠檬就会把生命的精华全部释放出来，你就可以得到一杯美味到极致的柠檬茶，但你要付出12个小时的忍耐和等待。"

侍者顿了顿，又说道："其实不只是泡茶，生命中的任何烦恼，只要你肯付出12个小时忍耐和等待，就会发现，事情并不像你想象得那么糟糕。"

女孩看着他："你是在暗示我什么吗？"

侍者微笑："我只是在教你怎样炮制柠檬茶，随便和你讨论一下用泡茶的方法是不是也可以炮制出美味的人生。"侍者鞠躬，离去。

女孩面对一杯柠檬茶静静沉思。女孩回到家后自己动手炮制了一杯柠檬茶，她把柠檬切成又圆又薄的小片，放进茶里。

女孩静静地看着杯中的柠檬片，她看到它们在呼吸，它们的每一个细胞都张开来，有晶莹细密的水珠凝结着。她被感动了，她感到了柠檬的生命和灵魂慢慢升华，缓缓释放。12个小时以后，她品尝到了她有生以来从未喝过的最绝妙、最美味的柠檬茶。

女孩明白了，这是因为柠檬的灵魂完全深入其中，才会有如此完美的滋味。

门铃响起，女孩开门，看见男孩站在门外，怀里的一大捧玫瑰娇艳欲滴。

"可以原谅我吗？"他讷讷地问。

女孩笑了，她拉他进来，在他面前放了一杯柠檬茶。"让我们有一个约定，"女孩说道，"以后，不管遇到多少烦恼，我们都不许发脾气，定下心来想想这杯柠檬茶。"

"为什么要想柠檬茶？"男孩困惑不解。

"因为，我们需要耐心等待12个小时。"

后来，女孩将柠檬茶的秘诀运用到她生活中的各个层面，她的生命因此而快乐、生动和美丽。女孩恬静地品尝着柠檬茶的美妙滋味，品尝着生命的美妙滋味。

感悟

生命中有些事是不能等的，但有些事却需要慢慢去等。学会慢慢去等，你才能把有些事化解，你才能把有些情感释怀，你才能慢慢品味人生。

不要在不经意间，错过一些最重要的东西

这是一个令人伤感的故事。

一个男孩深恋一个女孩多年，但他一直不敢向女孩坦言求爱，女孩对他也颇有情意，却也是始终难开玉口，两人试探着，退缩着，亲近着，疏远着。

一天晚上，男孩精心制作了一张卡片，在卡片上精心抒写了多年来藏在心里的话，但他思前想后，就是不敢把卡片亲手交给女孩。他握着这张卡片，愁闷至极，到饭店里喝了一些酒，竟然微微壮起了胆子，去找女孩。

女孩一开门，便闻到扑鼻的酒气。男孩虽然不像喝醉了的样子，但是他微醺着脸，女孩心中便有一丝隐隐的不快。

"怎么这时候还来？有什么事吗？"

第五章 不要在不经意间，错过一些最重要的东西

"来看看你。"

"我有什么好看的！"女孩没好气地把他领进屋。

男孩把卡片在口袋里揣摸了许久，硬硬的卡片竟然有些温热和湿润了，可他还是不敢拿出来。面对女孩娇嗔的脸，他的心充溢着春水般的柔波，一漾一漾的，一颤一颤的。

他们漫长地沉默着。也许是因为情绪的缘故，女孩的话极少。桌上的小钟表指向了11点钟。

"我累了。"女孩慵懒地伸伸腰，慢条斯理地整理着案上的书本，不经意的神态中流露出辞客的意思。

男孩突然灵机一动。他假装百无聊赖地翻着一本大字典，又百无聊赖地把字典合上，放到一边。过了一会儿，他在纸上写下一个"嚣"字问女孩："哎，你说这个字念什么？"

见他不作声，女孩奇怪地看着他，"怎么了？"

"是读吧。"他说。

"是。"

"我记得就是。我自打认识这个字起就这么读它。"

"你一定错了。"女孩冷淡地说。

他真是醉了，她想。男孩有点无所适从。过了片刻，他涨红着脸说："我想一定是念。不信，我们可以查查，呃，查查字典。"他的话语竟然有些结巴了。

"没必要，明天再说吧。你现在可以回去休息了。"女孩站起来。

男孩坐着没动。他怔怔地看着女孩。"查查字典好吗？"他轻声说，口气中含着一丝恳求的味道。

女孩心中一动。但转念一想：他真是醉得不浅呢。于是，她柔声哄劝道："是念，不用查字典，你是对的。回去休息，好吗？"

"我，我不对，我不对！"男孩着急得几乎要流下眼泪来，"我求求你了，查查字典，好吗？"

看着他胡闹的样子，女孩想：他真是醉得不可收拾。她绷

起了小脸:"你再不走我就生气了,今后也不会理你!"

"好,我走,我走。"男孩急忙站起来,向门外缓缓走去。"我走后,你查查字典,好吗?""好的。"女孩答应道,她简直想笑出声来。

男孩走出了门。女孩关灯睡了。然而女孩还没有睡着,就听见有人在敲她的窗户,轻轻地、有节奏地叩击着。

"谁?"女孩在黑暗中坐起身。

"你查字典了吗?"窗外是男孩的声音。

"神经病!"女孩喃喃骂道,而后她沉默着。

"你查字典了吗?"男孩又问。

"你走吧,你怎么这么顽固!"

"你查字典了吗?"男孩依旧不停地问。

"我查了!"女孩高声说,"你当然错了,你从头到尾都是错的!"

"你没骗我吗?"

"没有。鬼才骗你呢。"

"保重。"这是女孩听见男孩说的最后一句话。

当男孩的脚步声渐渐消失之后,女孩仍旧在偎被坐着,她睡不着。"你查字典了吗?"她忽然想起男孩这句话,便打开灯,翻开字典。

在"罂"字的那一页,睡卧着一张可爱的卡片。上面是再熟悉不过的字体:"我愿意用整个生命去爱你,你允许吗?"她什么都明白了。

第二天她就去找他,她想。那一夜,她兴奋得辗转未眠。

第二天,她一早出门,但是她没有见到男孩。男孩躺在太平间里,他死了。他以为她拒绝了他,离开女孩后又喝了很多酒,结果真的喝醉了,因车祸而死。女孩欲哭无泪。

她打开字典,找到"罂"字。里面的注释是:罂粟,果实球形,未成熟时,果实中有白浆,是制鸦片的原料。罂粟花是一种极美的花,且是一种极好的药,但用之不当时,竟然也可以是致命的毒品。

感 悟

喜欢一个人，就要告诉对方。人生中有一些极美、极珍贵的东西，如果不好好留心和把握，便常常会失之交臂，甚至一生难得再遇、再求。不要在不经意间，错过可能是你一生最重要的东西。

只有好好地把握住今天，才能创造美好的明天

在美国华尔街的股票市场交易所，依文斯工业公司是一家保持了长久生命力的公司，可公司的创始人爱德华·依文斯原先却因为绝望而差点死去。

依文斯生长在一个贫苦的家庭里，起先靠卖报来赚钱，然后在一家杂货店当店员。

8年之后，他才鼓起勇气开始自己的事业。然后，厄运降临了——他替一个朋友背负了一张面额很大的支票，而那个朋友破产了。祸不单行。不久，那家存着他全部财产的大银行垮了，他不但损失了所有的钱，还负债近两万美元。

他经受不住这样的打击，他绝望极了，并开始生起奇怪的病来：有一天，他走在路上的时候，昏倒在路边，以后就再也不能走路了。最后医生告诉他，他只有两个星期好活了。

想着只有10多天好活了，他突然感觉到了生命是那么的宝贵。于是，他放松了下来，好好把握着自己的每一天。

奇迹出现了。两个星期后依文斯并没有死，6个星期以后，他又能回去工作了。经过这场生死的考验，他明白了患得患失是无济于事的，对一个人来说最重要的就是要把握住现在。他以前一年曾赚过两万美元，可是现在能找到一个礼拜30美元的工作，就已经很高兴了。正是有这种心态，依文斯的进展非常快。

不到几年，他已是依文斯工业公司的董事长了。正是因为学会了只"活在当下"的道理，依文斯取得了人生的胜利。

感 悟

有句话说得好:"昨天属于死神,明天属于上帝,唯有今天属于我们。"只有好好地把握住今天,我们才能充分拥有和利用好每一个今天,才能挣脱昨天的痛苦和失败,才能创造美好的明天。

再坚持一小会儿,往往就是另一个结局

两个探险者迷失在茫茫的大戈壁滩上,他们因长时间缺水,嘴唇裂开了一道道的血口,如果继续下去,两个人只能活活渴死!

一个年长一些的探险者从同伴手中拿过空水壶,郑重地说:"我去找水,你在这里等着我吧!"接着,他又从行囊中拿出一只手枪递给同伴说:"这里有6颗子弹,每隔一个时辰你就放一枪,这样当我找到水后就不会迷失方向,就可以循着枪声找到你。千万要记住!"

看着同伴点了点头,他才信心十足地蹒跚离去……

时间在悄悄地流逝,枪膛里仅仅剩下最后一颗子弹了,找水的同伴还没有回来。

"他一定被风沙湮没了,或者找到水后撇下我一个人走了。"年纪小一些的探险者数着分、数着秒,焦灼地等待着。饥渴和恐惧伴随着绝望如潮水般地充盈了他的脑海,他仿佛嗅到了死亡的味道,感到死神正面目狰狞地向他紧逼过来……

他扣动扳机,将最后一粒子弹射进了自己的脑袋。

就在他轰然倒下不久,同伴带着满满的两大壶水赶到了他的身边……

感 悟

很多事情之所以结局很糟,是因为没有坚持到最后。对于某些事一定要坚持,只要还有一口气在,就要坚持到底。人生中有很多事情,再坚持一小会儿,往往就是另一个结局。

当奏响人生的乐章时，就不要停止

著名的钢琴家及作曲家帕岱莱夫斯基预订在美国某大型音乐厅表演。那是一个值得纪念的夜晚——黑色燕尾服，正式的晚礼服，上流社会的打扮。

当晚的观众当中有一位母亲，带着一个烦躁不安的 9 岁的小男孩。母亲希望他在听过大师演奏之后，会对练习钢琴发生兴趣。于是，他不得已地来了。小男孩等待得不耐烦了，在座位上蠕动不停。

到母亲转头跟朋友交谈时，小男孩再也按捺不住，从母亲身旁溜走，他被灯光照耀着的舞台上那演奏用的大钢琴和前面的乌木座凳吸引了。在台下那批受过教养的观众不注意的时候，小男孩瞪眼看着眼前黑白颜色的琴键，把颤抖的小手指放在正确的位置，开始弹奏名叫《筷子》的曲子。

观众的交谈声忽然停止，数百双表示不悦的眼睛一起看过去。被激怒、困窘的观众开始叫嚷："把那男孩子弄走！""谁把他带进来的？他母亲在哪里？""制止他！"

钢琴大师在后台听见台前的声音，立即知道发生了什么事。他赶忙抓起外衣，跑到台前，一言不发地站到男孩身后，伸出双手，即兴地弹出配合《筷子》的一些和谐音符。

两个人同时弹奏时，大师在男孩耳边低声说："继续弹，不要停止。继续弹……不要停止……不要停止。"

台下终于爆发出一阵热烈的掌声。

感 悟

人生是一曲乐章，我们是演奏者。当弹起人生的乐章时，就不要停，也不应该停。只要不停地弹下去，就一定会获得喝彩与掌声。

经历的坎坷和磨难，是人生的一笔财富

许多年前，有一个名叫海菲的人，他恳求老板改变自己地位低下的生活，因为他爱上了一位美丽的姑娘，而姑娘的父亲

却富有而势利。

想不到他的恳求获得了老板——大名鼎鼎的皮货商人柏萨罗的恩准。柏萨罗派他到伯利恒小镇去卖一件袍子，他却因为怜悯，把袍子送给客栈附近一个需要取暖的新生儿。

海菲满是羞愧地回到皮货商那里，但有一颗明星却一直在他头顶上方闪烁。柏萨罗将这解释为上帝的启示，给了海菲10道羊皮卷，那里面记载着震撼古今的商业大秘密，有实现海菲所有抱负所必需的智慧。海菲怀揣着这10道羊皮卷，带着老板给他的一笔本金，走向远方，开始了他独立谋生的推销生涯。

若干年后，海菲成了一名富有的商人，并娶回了自己心爱的姑娘。他的成就在继续扩大，不久，一个浩大的商业王国在古阿拉伯半岛崛起……

熟悉以上这段文字的人都明白，这是一部奇书的故事梗概，它的名字叫《世界上最伟大的推销员》。作者奥格·曼狄诺，出生于美国东部的一个平民家庭。28岁以前，他大学毕业，有了一份稳定的工作，并娶了妻子。但是后来，由于自己的愚昧无知和盲目冲动，他犯了一系列不可饶恕的错误，最终失去了自己一切宝贵的东西——家庭、房子和工作，几乎一贫如洗。于是，他开始到处流浪，寻找赖以度日的种种方法。

两年后，曼狄诺认识了一位受人尊敬的牧师，解答了他提出的许多困扰人生的问题。临走的时候，牧师送给他一部《圣经》，此外，还有一份书单，上面列着11本书的书名。它们是《最伟大的力量》《钻石宝地》《思考的人》《向你挑战》《本杰明·富兰克林自传》《获取成功的精神因素》《思考致富》《从失败到成功的销售经验》《神奇的情感力量》《爱的能力》和《信仰的力量》。

从这一天开始，奥格·曼狄诺就依照牧师列出的书单，把11本书一一找来，细细地阅读。渐渐地，笼罩在心头那一片浓重的阴云退去了，似有一抹阳光照射进来，他激动万分，终于看到了希望。

曼狄诺一旦意识到自己的潜力,便焕发出前所未有的热情和勇气。他遵循书中智者的教诲,像一位整装待发的水手,瞄准了目标,越过汹涌的大海,抵达梦中的彼岸。

此后,曼狄诺当过卖报人、公司推销员、业务经理……在这条他所选择的道路上,充满了机遇,也饱含着辛酸,但他已不可战胜,因为,他掌握了人生的准则。当遇到困难,甚至失败时,他都用书中的语言激励自己:坚持不懈,直至成功!终于,在35岁生日那一天,他创办了自己的企业——《成功无止境》杂志社,从此步入了富足、健康、快乐的乐园。

奥格·曼狄诺的成功为他带来了巨大的荣誉,使他成为美国家喻户晓的商界英雄。

曼狄诺没有就此止步,开始著书立说。1968年,他写出了《世界上最伟大的推销员》一书。该书一经问世,即以多种语言在世界各地出版,不仅推销员,社会各个阶层人士都被这部充满魅力的作品深深吸引,争相阅读。

不平凡的经历是成功的一笔财富,如果曼狄诺没有早年的坎坷,就不会有后来的成就。

感 悟

坎坷的经历是人生中的一大财富,经历坎坷和磨难,是在储存一笔财富。只有那些经历坎坷、经历磨难的人,才会对生活充满信心,才能勇敢地面对将来的艰难险阻,并最终成就辉煌的人生。

有些看起来微不足道的人,往往才是最重要的人

在阿尔卑斯山东边山坡,奥地利的一个小村庄里,曾住着一位老先生。他在多年前被一个镇议会聘用,负责清除山涧水池中的杂物。泉水从山上的源头流出,直达他们的市镇。他默默地在山上巡回,随时清除树叶和树枝,并抹去可能淤塞和污染清新水流的泥沙。逐渐地,村庄成了度假胜地。美丽的天鹅在晶莹的泉水上游动,附近各种营业的水车日夜转动,农田自

然得到灌溉，从餐厅里望出去的风景赏心悦目。

许多年过去了，一天早上，镇议会举行半年一度的会议。审查预算时，某人的视线停在鲜为人注意的泉水守护者薪水上面。这位负责财务的先生说："这老头是谁？我们为何每年聘用他？没人看见他。这位在山里巡逻的陌生人对我们没啥用处，我们并不需要他！"经过投票，众人一致同意取消了老先生的职位。

起先数周并没有什么改变。直至秋天来临，树木开始落叶，折断的小树枝掉落在水池里，阻碍了泉水的奔流。一天下午，有人注意到泉水出现了些微棕黄的颜色。到第二个星期，泉水更显得阴暗。再过一周，泉水又多了一层浮在水面的泥土，不久更发出恶臭。水车转得比以前慢了，终于不转了。天鹅和游客皆不复返，各样疾病开始侵袭村庄。

尴尬的议会急忙召开特别会议，他们知道他们犯了一个重大错误，决定重新聘用泉水的守护人……

数周之后，生命的河水又恢复了清洁。水车重新转动，新生命再次注入这阿尔卑斯山边的这个小村庄里。

感悟

我们常常忽略了一些人：这些人看起来微不足道。甚至默默无闻。殊不知，对于我们来说，这些人往往才是最重要的人。所以，不要忽视每一个人的作用，因为每一个人都是不可或缺的。

要想飞起来，先要有飞翔的信念

在美国，有一位穷苦的牧羊人，他的妻子在几年前离他而去了，他只能和自己的两个孩子靠为别人放羊来维持生活，日子过得很艰苦。

一天，他和孩子在山坡上放羊的时候，一群大雁从他们的头顶飞过，消失在天边。

小孩子总是喜欢问这问那，小儿子问他的父亲："大雁要飞到哪里去?"

"他们要飞到温暖的地方过冬。"牧羊人回答说。

"如果我们也能像大雁一样飞起来就好了,那样我们就能飞到天堂里看我们的妈妈了,她一个人在那里一定很孤单,她肯定想我们了。"年纪大一点的儿子说。

儿子的话让牧羊人流下了感动的泪水,短暂的沉默后,牧羊人对两个儿子说:"只要你们有飞翔的信念,我相信你们肯定能飞起来的。"

"我们现在就有这样的信念,我们现在就要飞起来。"两个儿子伸开手臂试了试,但他们并没有飞起来。他们看了看父亲,很明显,他们在怀疑父亲所说的话。

牧羊人说:"我可以试给你们看。"于是张开双臂,但是他和自己的孩子一样,也是没有飞起来。

"我想肯定是因为我年纪大了才飞不起来,你们还小,只要有坚定的信念,并且不断努力,我相信总有一天你们能飞起来,飞到天堂看望你们的妈妈。"

父亲的话深深地刻在了兄弟俩的心中,从此他们就开始致力于飞翔的研究,当他们长大的时候,他们终于飞上了天空。

他们就是飞机的发明者——莱特兄弟。

感 悟

要想飞起来,先要有飞翔的信念,如果没有这个信念,永远也飞不起来。只要有了飞翔的信念,再加上自己的努力,肯定就能飞起来。成功也是这样:要想成功,先要有成功的信念,然后要不断地为这个信念去努力,做到了这两点,这世界上就没有什么做不到的事。

细心观察身边发生的事情,就会有很多惊奇的发现

一天,一位埃及法老设宴招待邻邦的君主。法老准备了极干盛的饭菜,在御膳房里,上百名厨师正在炊烟中忙着做各种复杂的饭菜。

忽然，一个厨师不慎将一盆油打翻在炭灰里，他急忙用手将沾有炭灰的油脂捧到厨房外面倒掉。等他回来用水洗手时，意外地发现手洗得特别干净。厨师非常奇怪，因为平时厨师们洗手时，为了去掉油污，都先用细沙搓一遍，然后再用清水洗。而这次他没有用沙子，就将油污洗得很干净。于是，他请别的厨师也来试一试。结果，每个人的手都洗得同样干净。从此以后，王宫的厨师们就把沾有油脂的炭灰当作洗手的东西了。

后来，这件事情让法老知道了，他就吩咐仆人按照厨师们的方法把掺有油脂的炭灰制成一块一块的。这就是人类历史上最早的肥皂。

下面我们再来认识3位细心的人。

伟大的物理学家艾萨克·牛顿坐在苹果园的椅子上，突然，一只苹果从树上掉了下来。他开始思索，想知道苹果为什么会掉下来。终于他发现了地球、太阳、月亮和星星是如何保持相对位置的规律。

一个名叫詹姆斯·瓦特的小男孩静静地坐在火炉边，观察着上下跳动的茶壶盖，他想知道为什么沉重的壶盖可以跳动，他从那时起就一直思考着这个问题。长大之后，他发明了蒸汽式发动机。

一个叫伽利略的人在意大利的大教堂内，对往复摆动的吊灯产生了浓厚的兴趣。后来，他从中得到了启发，终于发明了摆钟。

感 悟

我们的社会之所以会不断地进步，就在于人类会思考，而思考来自于细心的观察。当你细心观察身边发生的事情时，你一定会有很多惊讶的发现，而这些发现往往正是你走向成功的开始。

有目标的人生，才是充盈的人生

有个年轻人去采访朱利斯·法兰克博士。法兰克博士是市立大学的心理学教授,虽然已经 70 岁高龄了,却保有相当年轻的体态。

"我在好多年前遇到过一个中国老人,"法兰克博士解释道,"那是第二次世界大战期间,我在远东地区的战俘集中营里。那里的情况很糟,简直无法忍受,食物短缺,没有干净的水,放眼所及全是患痢疾、疟疾等疾病的人。有些战俘在烈日下无法忍受身体和心理上的折磨,对他们来说,死已经变成最好的解脱。我自己也想过一死了之,但是有一天,一个人的出现扭转了我的求生意念,那是一个中国老人。"

年轻人非常专注地听着法兰克博士诉说那天的遭遇。

"那天我坐在囚犯放风的广场上,身心俱疲。我心里正想着,要爬上通了电的围篱自杀是多么容易的事。不久之后,我发现身旁坐了个中国老人,我因为太虚弱了,还恍惚地以为是自己的幻觉。毕竟,在日本的战俘营区里,怎么可能突然出现一个中国人?他转过头来问了我一个问题,一个非常简单的问题,却救了我的命。"

年轻人马上提出自己的疑惑:"是什么样的问题可以救人一命呢?"

法兰克博士继续说:"他问的问题是'你从这里出去之后,第一件想做的事情是什么?'这是我从来没想过的问题,我从来不敢想。但是我心里却有答案:我要再看看我的太太和孩子们。突然间,我认为自己必须活下去,那件事情值得我活着回去做。那个问题救了我一命,因为它给了我活下去的理由!从那时起,活下去变得不再那么困难了,因为我知道,我每多活一天,就离战争结束近一点,也离我的梦想近一点。中国老人的问题不只救了我的命,它还教了我从来没学过,却是最重要的一课。"

"是什么?"年轻人问。

"目标的力量。"

"目标?"

"是的,目标,值得奋斗的事。目标给了我们生活的目的和意义。当然,我们也可以没有目标地活着,但是要真正地活着,快乐地活着,我们就必须有生存的目标。伟大的艾德米勒·拜尔德说:'没有目标,日子便会结束,像碎片般地消失。'目标创造出目的和意义。有了目标,我们才知道要往哪里去,去追求些什么。没有目标,生活就会失去方向,而人也成了行尸走肉。人们生活的动机往往来自于两样东西:不是要远离痛苦,就是追求欢愉。目标可以让我们把心思紧系在追求欢愉上,而缺乏目标则会让我们专注于避免痛苦。同时,目标甚至可以让我们更能够忍受痛苦。"

"我有点不太懂,"年轻人犹豫地说,"目标怎么让人更能够忍受痛苦呢?"

"嗯,我想想该怎么说……好!想象你肚子痛,每几分钟就会来一次剧烈的疼痛,痛到你会忍不住呻吟起来,这时你有什么感觉?"

"太可怕了,我可以想象。"

"如果疼痛越来越严重,而且间隔的时间越来越短,你有什么感觉?你会紧张还是兴奋?"

"这是什么问题,痛得要死怎么可能还兴奋得起来,除非你是个虐待狂。"

"不,这是个怀孕的女人!这女人忍受着痛苦,她知道最后她会生下一个孩子来。在这种情况下,这女人甚至可能还期待痛苦越来越频繁,因为她知道阵痛越频繁,表示她就快要生了。这种疼痛的背后含有具体意义的目标,因此使得疼痛可以被忍受。同样的道理,如果你已经有个目标在那儿,你就更能忍受达到目标之前的那段痛苦期。毫无疑问,当时我因为有了活下去的目标,所以使我更有韧性,否则我可能早就撑不下去了。我看见一个非常消沉的战俘,于是我问他同一个问题:'当你活着走出这里时,你第一件想做的事是什么?'他听了我的问题之后,渐渐地,脸上的表情变了,他因为想到自己的目标而两眼闪闪发亮。他要为未来奋斗,当他努力地活过每一天的时候,他知道离自己的目标更近了。"

法兰克博士停了一会儿,继续说道:"我再告诉你另一件事。看着一个人的改变这么大,而你知道你说的话对他有很大的帮助,那种感觉真是太棒!所以我又把这当成自己的目标,我要每天都尽可能地帮助更多的人。战争结束之后,我在哈佛大学从事一项很有趣的研究。我问1953年那届毕业的学生,他们的生活是否有任何目标?你猜有多少学生有特定的目标?"

"50%。"年轻人猜道。

"错了!事实上是低于3%!"法兰克博士说,"你相信吗,100个人里面只有不到3个人对他们的生活有一点想法。我们持续追踪这些学生达25年之久,结果发现,那有目标的3%的毕业生比其他97%的人,拥有更稳定的婚姻状况,健康状况良好,同时,财务情况也比较正常。当然,毫无疑问,我发现他们比其他人有更快乐的生活。"

"你为什么认为有目标会让人们比较快乐?"年轻人问。

"因为我们不只从食物中得到精力,尤其重要的是从心里的一股热诚来获得精力,而这股热诚则是来自于目标,对事物有所企求,有所期待。为什么有这么多人不快乐,一个非常重要的原因就是因为他们的生活没有意义、没有目标。早晨没有起床的动力,没有目标的激励,也没有梦想。他们因此在生命旅途上迷失了方向和自我。"

"如果我们有目标要去追求的话,生活的压力和张力就会消失,我们就会像障碍赛跑一样,为了达到目标,而不惜冲过一道道关卡和障碍。"

"目标提供我们快乐的基础。人们总以为舒适和豪华富裕是快乐的基本要求,然而事实上,真正会让我们感觉快乐的却是某些能激起我们热情的东西。这就是快乐的最大秘密。缺乏意义和目标的生活,是无法创造出持久的快乐的。这就是我所说的目标的力量。"

感悟

一个人若没有目标，他的生命将会缺乏前进的动力。目标赋予了我们生命的意义和目的。有了目标，我们才会把注意力集中在追求成功和幸福上。有目标的人生，才是充满希望与活力的人生，人生因此才会变得充盈。

一个小小的失误，很可能会造成毁灭性的后果

1995年2月17日，世界各地的新闻媒体都以最醒目的标题报道了一个相同的事件：巴林银行破产了。全世界都为此震惊了。在全球金融市场上，巴林银行有着举足轻重的地位。它有233年历史，在全球范围内掌管着270多亿英镑的业务。它曾创造了无数令人瞠目的业绩，在世界证券史上占有着极为特殊的地位。然而，创造了无数辉煌的巴林银行，却毁在了一个期货与期权结算方面的专家里森的手上。而这一切的诱因，竟然是一个小小的错误账户。

在期货交易中，失误是在所难免的。如果错误无法挽回，唯一可行的办法，就是将该项错误转入电脑中一个被称为"错误账户"的账户中，然后向银行总部报告。这在金融体系的运作过程中是一个正常现象。

当里森于1992年在新加坡担任巴林银行的期货交易员时，巴林银行就有一个账户为"99905"的错误账户，专门处理交易过程中因疏忽所造成的错误。1992年夏天，伦敦总部全面负责清算工作的哥顿·鲍塞给里森打了一个电话，要求他另设立一个错误账户，以记录较小的错误，并自行在新加坡处理，以免麻烦伦敦的工作。于是里森马上找来了负责办公室清算的利塞尔，向她咨询是否可以另立一个档案，很快，利塞尔就在电脑里键入了一些命令，问他需要什么账号。于是，对中国文化有所了解的里森以"8"这个吉利的数字设立了一个账号为"88888"的错误账户。

过了不久，伦敦总部又打来电话，要求新加坡分行仍按老

规矩行事，所有的错误记录仍由"99905"账户直接向伦敦报告。这样，"88888"错误账户刚刚建立就被搁置不用了，但它却从此成为一个真正的"错误账户"存储在了电脑之中。而且总部这时已经注意到新加坡分行出现的错误很多，但里森都巧妙地搪塞而过。"88888"这个被人忽略的账户，提供了里森日后制造假账，掩饰投资失败的机会。这以后，里森为了其私利，一再动用这个错误账户，造成了银行越来越巨大的损失。

1995年1月，日本神户大地震，其后数日东京日经指数大幅度下跌。里森在这种不利形势下还大量进行交易，遭受了极为重大的损失。与往常一样，他将这些都计入了"88888"账户。随着交易形式的进一步恶化，里森最后终于招架不住，在一片震惊声中宣告了银行的破产。

事后里森说："有一群人本来可以揭穿并阻止我的把戏，但他们没有这么做。我不知道他们的疏忽与罪犯的疏忽之间界限何在，也不清楚他们是否对我负有什么责任，但如果是在任何其他一家银行，我是不会有机会开始这项犯罪的。"

正是这些由错误账户而引起的一系列失误，最终导致了巴林银行的破产。

感悟

人们在工作和生活当中，经常会忽略了细节的存在，从而让失误有机可乘。管理者要是不注意管理中的一些细小错误，久而久之也会让失误有机可乘，很可能造成整个企业的分崩离析。

一时的粗心大意，可能会毁掉别人一生的健康和幸福

他是杂技团的台柱子，凭借一出惊险的高空走钢丝而声名远扬。

在离地五六米的钢丝上，他手持一根中间黑色、两端蓝白相间的平衡木，赤脚稳稳当当地走过10米长的钢丝。他技艺高超，身手灵活，还能从容地在钢丝上做出一些腾跃翻转的动作。

多年来,他表演过无数次,从未有过丝毫闪失。

杂技团去外地演出回来的路上,装道具的卡车翻进了山沟,折断了他那根保持平衡的长木杆。团里非常重视,不惜高价找来了粗细相同、长短一致、重量也一样的木杆。直到他觉得得心应手时,团长才请油漆匠给木杆刷上与以前那根木杆相同的蓝白相间的颜色。

又是一次新的演出。在观众的阵阵掌声中,他微笑着赤脚踏上钢丝。助手递给他那根蓝白相间的长木杆。他从左端开始默数,数到第十个蓝块,左手握住,又从右端默数到第十个蓝块,右手握紧,这是他最适宜的手握距离。然而今天,他感到两手间的距离比他以往的长度短了一些。他心里猛地一惊,难道有人将木杆截短了?不可能啊?!他小心翼翼地把两手分别向左右移动,一直到适宜的距离才停住。他看了看,两手都偏离了蓝块的中间位置。他一下子对木杆产生了怀疑。

这时,观众席上又一次爆发出雷鸣般的掌声,已经容不得他多想。他握紧木杆,提了一口气,向钢丝的中间走去。走了几步,他第一次没了自信,手心有汗沁出。终于,在钢丝中段做腾跃动作时,一个不留神,他从空中摔了下来,折断了踝骨,表演被迫停止。

事后检查,那根木杆的长度并没有改变,只是粗心的油漆匠将蓝白色块都增长了一毫米。

感 悟

失之毫厘,谬以千里。在有些事上来不得半点疏忽和草率。虽然有时我们可能只是一时的粗心大意,但却可能会毁掉别人一生的健康和幸福。如果我们用点心思就能把事情做好的话,我们的人生就不会留下遗憾。

抓住灵感的火花,把灵感进行到底

1947年2月的一天,当拍立得公司的总经理兰德正在替女儿照相时,女儿不耐烦地问,什么时候可以见到照片。兰德耐心地解释，冲洗照片需要一段时间，说话时他突然想到，照相技术在基本上犯了一个错误——为什么我们要等上好几个小时，甚至几天才能看到照片呢？

如果能当场把照片冲洗出来，这将是照相技术的一次革命。兰德必须掌握解决所有这些问题的方法。他以令人难以置信的速度开始工作。6个月之内，就把基本的问题解决了。

诚如他的一名助理所说："我敢打赌，即使100个博士，10年间毫不间断地工作，也没有办法重演兰德的成绩。"这话毫不夸张。

但兰德自己无法解释他所经历过的发明过程。他相信人类和其他动物的基本区别，就在人的创造能力。"你能想象吗？"他问，"一个猿猴发明一个箭头？"

有好多人说，现代人已经在科学上找到一项新工具，能够代替人发明创造，他对这种说法感到十分不耐烦。他倒是相信，发明是人类很早很早就有了的能力，只是至今还一点都弄不清楚它究竟是怎么回事。

"我发现，"兰德说，"当我快要找到一个问题的答案时，极重要的是，专心工作一段时间。在这个时候，一种本能的反应似乎就出现了。在你的潜意识里容纳了这么多可变的因素，你不能容许被打断。如果你被打断了，你可能要花上一年的时间才能重建这60个小时打下的基础。"

直到1946年，兰德的助手还只有寥寥几位。因为连年世界大战的关系，这些年轻的助手都没有受过正规的科学训练，尽管他们很聪明。说来也巧，他们几乎都是史密斯学院毕业出来的。他的一个最接近的助手是专门研究60秒照相技术的。

她是普林斯顿一位数学教授的女儿，名叫密萝·摩丝，摩丝小姐后来成为拍立得黑白底片研究部门的主任。兰德说她有许多重要的贡献，尤其在软片方面。

60秒照相技术所用化学原料和技术等，是个商业秘密。他们在调制配方的时候，药瓶上只写着代号。

60秒相机在1947年成功推出之后，兰德想尽快把它推销到市场去。难题是怎样推销。

兰德和他的助理还请来哈佛大学商业学院的市场专家，一起研讨对策，有一阵子还真想采取沿门推销的方式。但是后来，他们倒觉得用一般的销售方式就行了，他们请了一个声望很高的人来推销，他名叫何拉·布茨。

布茨一见兰德的照相机立即狂热起来。他在1948年加入拍立得公司，成为公司的副董事长之一，并且身兼总经理。他不只替拍立得带来响亮的名气，而他个人在推销方面，也显示了极高的才华。

他没有利用什么推销组织就把照相机卖了出去，他花的广告费用这么少，似乎连在波士顿一地做广告都不够。

布茨跟他的推销主任罗勃曼想出了一个办法。他们在每个大城市选一家百货公司，给他们30天推销兰德照相机的专卖时间，条件是百货公司要在报纸上大做广告，拍立得只是从旁协助，而且要在百货公司里大张旗鼓地推销。

1948年11月26日，兰德照相机首次在波士顿一家大百货公司上市。大家争相抢购，以至于忙碌的店员，不小心把一些没有零件的展览品也卖了出去。这种销购势头促使拍立得大量生产。

布茨在迈阿密用了个别开生面的推销方法。他想到让那些迈阿密来度假的有钱人买照相机，因为他们来自美国各地，等他们回去的时候，无形中就成了兰德照相机的宣传员。

为了加强效果，布茨雇了一些妙龄女郎和一些救生员，在游泳池和海滩附近，使用兰德照相机照相，然后把照片送给那些吃惊的游客。几个星期之内，迈阿密商店里的兰德相机被抢购一空。

推销活动从一个城市移到另一个城市。尽管全国多数的照相机销售店冷淡地接受兰德相机，但拍立得1949年的销售额却高达668万美元，其中500万美元来自新相机和软片。

感 悟

不要忽略我们生活中某些不经意间的想法,每一个想法都是大脑中灵感的火花,都有可能成为一个新的构想,抓住它不要放弃,你就可能会因此而成功。很多成功人士之所以能成功,正是因为他们能及时抓住很可能一闪即逝的灵感火花,并能把灵感进行到底的结果。

不放过一些偶然现象,才能有"重大发现"

1820年,哥本哈根的奥斯特偶然发现:通过电流的导线周围的磁针,会受到力的作用而偏转。这一发现说明电流会产生磁场,从此,电和磁就结合起来了。

为了研究胰脏的消化功能,明可夫斯基给狗做了胰切除术。这只狗的尿引来了许多苍蝇,对狗尿进行分析后,明可夫斯基发现其中有糖,于是领悟到胰脏和糖尿病有密切关系。

20世纪初,美国墨西哥湾的海面上忽然出现一种稀奇的现象:海水上漂着一层油花,在太阳光下闪闪发光。原来在海底下储藏着丰富的石油。不久,墨西哥湾就建立起世界上第一口海底油井,开了海底采油的先例。

1895年,伦琴偶然在阴极射线放电管附近放了一包密封在黑纸里的、未曾显影的照相底片,当他把底片显影时,发觉它已走光了。对于一个漫不经心的人,那就会说:"这次走光了,下次放远一些就得了!"可是伦琴却采取了认真的态度,没有放过这一线索。他认为,这一定有某种射线在起作用,并给它取了一个名字叫X射线。这个怪名称表示他对这种射线还很不了解。不过他指出:X射线是从管中有黄绿色磷光的一端产生出来的。

根据这点,彭加勒猜想:所有发强烈磷光的物体都能发射X射线。1896年,法国贝克勒想起了彭加勒的假设,便拿来一种能在太阳光下发磷光的物质硫酸钾铀,把它和底片一起放在暗箱里。几天以后,他发觉完全不见光的硫酸钾铀也会作用于底片。然而,这种物质在暗箱里是不会发磷光的,可见彭加勒的假设是错误的，X射线与磷光毫无关系。

后来又经过多次试验，才得到正确结论：X射线原来是硫酸钾铀中的一种元素铀放射出来的。

其后，居里夫妇又从含铀的沥青矿残余物中提炼出放射性很强的镭。这一段历史的确离奇：没有彭加勒的错误猜想，贝克勒就不会想到发磷光的物质；发磷光的物质很多，如果不是碰巧选中含磷铀的硫酸钾铀，那么原子能的发现也许还要推后好些年。

1942年英德空战激烈，为了观察入侵的敌机，英国普遍建立了雷达观察站。但雷达信号常被一些莫明其妙的电噪声所干扰，特别是早晨更加厉害。

此外，美国工程师卡尔·詹斯基在检查越过大西洋电话通讯的静电干扰时，也注意到有一种特殊的弱噪声。这些发现引导人们去研究它们的起源，结果得知干扰雷达信号的电噪声来自太阳，并且还发现，不仅太阳能够发射宽频带的电磁波，而且星云间也能发射，例如产生上述弱噪声的，就是距离地球26000光年的银河系中心。这方面的进一步研究奠定了今天的射电天文学的基础。

青霉素的发现也是一个有趣的故事。

英国圣玛利学院的细菌学讲师弗莱明，早就希望发明一种有效的杀菌药物。1928年，当他正研究毒性很大的葡萄球菌时，忽然发现原来生长得很好的葡萄球菌全都消失了。是什么原因呢？

经过仔细观察后发现，原来有些别的霉菌掉到那里去了。显然消灭这些葡萄球菌的，不是别的，正是青霉菌。这一偶然事件，导致药物青霉素以及一系列其他抗生素的发明。

感 悟

在长期的生活实践中，有时会有一些偶然的发现。对待这些偶然的发现，不要轻易放过，要想办法弄清它产生的原因。只有具备这种高度的科学敏感性，并苦心钻研，才能有一些"重大发现"。

留心生活中的需要，处处留心皆机遇

安全刀片大王吉列，未发明刀片以前是一家瓶盖公司的推销员。他从20多岁时就开始节衣缩食，把省下来的钱全用在发明研究中。过了近20年，他仍旧一事无成。

1985年夏天，吉列到保斯顿市去出差，在返回的前一天买了火车票。第二天早晨，他起床迟了一点儿，正匆忙地用刀刮胡子，旅馆的服务员急匆匆地走进来喊道："再有5分钟，火车就要开了。"吉列听到后，一紧张，不小心把嘴巴刮伤了。

吉列一边用纸擦血一边想："如果能发明一种不容易伤皮肤的刀子，一定大受欢迎。"

这样，他就埋头钻研。经过千辛万苦之后，吉列终于发明了现在我们每天所用的安全刀片。他摇身一变成为世界安全刀片大王。

G.克鲁姆是位印第安人，他是炸马铃薯片的发明者。1853年，克鲁姆在萨拉托加市高级餐馆中担任厨师。一天晚上，来了位法国人，他吹毛求疵总挑剔克鲁姆的菜不够味，特别是油炸食品太厚，无法下咽，令人恶心。

克鲁姆气愤之余，随手拿起一个马铃薯，切成极薄的片，骂了一句便扔进了沸油中，结果好吃极了。不久，这种金黄色、具有特殊风味的油炸土豆片，就成了美国特有的风味小吃而进入了总统府，至今仍是美国国宴中的主要食品之一。

美国佛罗里达州有位穷画家，名叫律薄曼。他当时仅有一点点画具，仅有的一支铅笔也是削得短短的。

有一天，律薄曼正在绘图时，找不到橡皮擦。费了很大劲才找到时，铅笔又不见了。铅笔找到后，为了防止再丢，他索性将橡皮用丝线扎到铅笔的尾端。但用了一会，橡皮又掉了。

"真该死！"他气恼地骂着。

律薄曼为此事琢磨了好几天，终于想出主意来了：他剪下一小块薄铁片，把橡皮和铅笔绕着包了起来。果然，用一点小功夫做起来的这个玩意相当管用。

后来，他申请了专利，并把这专利卖给了一家铅笔公司，从而赚得55万美元。

美国大西洋城有一位名叫潘佰顿的药剂师，煞费苦心研制了一种用来治疗头痛、头晕的糖浆。配方搞出来后，他嘱咐店员用水冲化，制成糖浆。

有一天，一位店员因为粗心出了差错，把放在桌上的苏打水当作白开水，没想到一冲下去，"糖浆"冒气泡了。这让老板知道可不好办，店员想把它喝掉，先试尝一下味道，还挺不错的，越尝越感到够味。闻名世界、年销量惊人的可口可乐就是这样发明的。

住在纽约郊外的扎克，是一个碌碌无为的公务员，他唯一的嗜好便是滑冰，别无其他。

纽约的近郊，冬天到处会结冰。冬天一到，他一有空就到那里滑冰自娱，然而夏天就没有办法到室外冰场去滑个痛快。去室内冰场是需要钱的，一个纽约公务员收入有限，不便常去，但待在家里也不是办法，深感日子难受。有一天，他百无聊赖时，一个灵感涌上来，"鞋子底面安装轮子，就可以代替冰鞋了。普通的路就可以当作冰场。"

几个月之后，他跟人合作开了一家制造这种鞋子的小工厂。他做梦也想不到，产品一问世，立即就成为世界性的商品。没几年工夫，他就赚进100多万美元。

感 悟

现实生活中的很多需要，都可能是难得的机遇。有时候，机遇会自己找上门来，就看你能不能发现。多留心生活，往往一点小事，可能就是将你引上成功之路的机遇。

为了将来不后悔，要好好把握生命中的一切

内德·兰塞姆是法国里昂最著名的牧师，无论是在穷人还是在富人区都享有很高的威望。他一生有一万多次在临终者面

前，聆听他们的忏悔。

他84岁时，衰老得已无法再走近需要他的人。一天，一位老妇人来敲他的门，说她的丈夫快不行了，临终前很想见见他。兰塞姆不愿让这位老妇人失望，就在别人的搀扶下，来到了临终者床前。

临终者是位布店老板，已72岁，年轻时曾经和著名的音乐家卡拉扬一起学吹小号。他说他很喜欢音乐，当时他的成绩远在卡拉扬之上，老师也非常看好他的前程。可惜20岁时他迷上了赛马，结果把音乐荒废了，否则他一定是一位出色的音乐家。现在生命快要结束了，一生庸碌，他感到非常遗憾。他告诉兰塞姆，到另一个世界后，如果再选择，他绝不会再干这种傻事，他请上帝宽恕他。兰塞姆很体谅他的心情，尽力安抚他，并告诉他，这次忏悔对牧师也很有启发。

后来，兰塞姆想把他的60多本日记编成书，内容全是这些人的临终忏悔，但不幸的是，书稿因里昂大地震而毁于一旦。这时兰塞姆已是90岁高龄了。兰塞姆去世后，被安葬在圣保罗大教堂。墓碑上工工整整地刻着他的手迹：假如时光可以倒流，世界上将有一半的人可以成为伟人。

感 悟

有很多人，在年轻的时候往往不懂得珍惜，凡事随情随性，荒废了很多东西，到年纪大的时候想起来才感到后悔，但一切为时已晚。为了将来我们回忆往事的时候，不为自己以前因虚度时光而悔恨，趁现在应该好好把握生命中的一切。

第六章

善于发现机会，学会抉择

任何事物都有一定的利用价值，关键在于我们有没有一双慧眼。善于发现机会的人，能从人人避之唯恐不及的垃圾和废墟中发现无限的商机，并能迅速抉择且加以利用。

如果总是害怕某些事，就会错过某些机会

有个人有一天晚上碰到一个神仙，这个神仙告诉他说，有大事要发生在他身上了，他会有机会得到很大的一笔财富，在社会上获得卓越的地位，并且娶到一个漂亮的妻子。

这个人终其一生都在等待这个奇异的承诺，可是什么事也没发生。他穷困地度过了他的一生，最后孤独地老死了。

当他死后，他又看见了那个神仙。他对神仙说："你说过要给我财富、地位和漂亮的妻子，我等了一辈子，却什么也没有。"

神仙回答他："我没说过那种话。我只承诺过要给你机会得到财富、一个受人尊重的社会地位和一个漂亮的妻子，可是你让这些机会从你身边溜走了。"

这个人迷惑了，他说："我不明白你的意思。"

神仙回答道："你记得你曾经有一次想到一个好点子，可是你没有行动，因为你怕失败而不敢去尝试吗？"这个人点点头。

神仙继续说："因为你没有去行动，这个点子几年以后被另外一个人想到了，那个人一点也不害怕地去做了，他后来变成了全国最有钱的人。还有，你应该还记得，有一次发生了大地震，城里大半的房子都毁了，好几千人被困在倒塌的房子里。你有机会去帮忙拯救那些存活的人，可是你怕小偷会趁你不在家的时候，到你家里去偷东西，你以这作为借口，故意忽视那些需要你帮助的人，而只是守着自己的房子。"这个人不好意思地点点头。

神仙说："那是你去拯救几百个人的好机会，而那个机会可以使你在城里得到尊崇和荣耀啊！"

"还有，"神仙继续说，"你记不记得有一个头发乌黑的漂亮女子，你曾经非常强烈地被她吸引，你从来不曾这么喜欢过一个女人，之后也没有再碰到过像她这么好的女人。可是你想她不可能会喜欢你，更不可能会答应跟你结婚，你因为害怕被拒绝，就让她从你身旁溜走了。"这个人又点点头，这次他

流下了眼泪。

神仙说:"我的朋友啊,就是她!她本来该是你的妻子,你们会有好几个漂亮的小孩,而且跟她在一起,你的人生将会有许许多多的快乐。"

神仙最后说:"可惜,你都没有抓住这些机会!"

感 悟

在每个人的一生之中,都会有很多次机会,但大多数机会都被错过了。当机会来临时,不要犹豫,更不要害怕。在机会面前,如果你犹豫不决或害怕,机会就会与你擦肩而过。

有些决定要早作,迟了就会失去机会

伊丽莎白是石油大王洛克菲勒的女儿,像父亲一样,她对商业也具有浓厚的兴趣,希望自己在商场上有所作为。

在巴黎新产品博览会上,做了充分准备工作的伊丽莎白,对某项产品专卖权志在必得,她几乎成功了,但却因她的决定晚了一小时而最终失去了这次机会。

洛克菲勒听说这件事后感到很遗憾,他尤其遗憾的是,造成伊丽莎白失利的原因在于,她原本在跑道内侧最有利的线路上跑着,占有绝对优势,但由于伊丽莎白的重要决定晚了一步,使得在最后冲刺的关键时刻使胜利落空了。

伊丽莎白在给父亲的长途电话中懊恼地说道:"爸爸,博览会的事您已经知道了吧?欧洲的这家公司竟然如此匆忙地指定美国代理店,我实在没有料到。我以为可以花点时间,充分考虑之后再做出必要的决定。"

洛克菲勒在电话那边安慰女儿:"孩子,不管怎样,你已经尽力了。不过我只是想对你说,从事商业的人常见的缺点之一就是缺乏迅速、果断的判断力。如果放任缓慢的意志作决定,其时间的浪费和低效率会给公司带来极大的损失。"

伊丽莎白从这次失败中得到了深刻的教训。

感 悟

有些人在作决定时总是瞻前顾后、犹豫不决，这些固然可以避免一些做错事的机会，但同时也失去了一些抓住成功的机会。很多时候，优柔寡断常常使好事由好变坏，坚决果断才会将危机转危为安。

如果机会不大时，就要想办法争取机会

佛瑞迪当时只有16岁，在暑假将临的时候，他对父亲说："爸爸，我不要整个夏天都向你伸手要钱，我要找个工作。"

佛瑞迪在"事求人"广告中仔细寻找，找到了一个很适合他专长的工作。广告上说找工作的人要在第二天早上8点钟到达42街的一个地方。他到时已经有20个求职者排在前面，他是第21位。

怎样才能引起主试者的特别注意而赢得职位呢？佛瑞迪想出了一个办法：他拿出一张纸，在上面写了一些东西，然后折得整整齐齐，走向秘书小姐，恭敬地对她说："小姐，请马上把这张纸条交给你的老板，这非常重要！"

秘书小姐是一名老手。如果她是个普通的职员，也许就会说："算了吧，小伙子，你回到队伍的第21个位置上去等吧。"但她没有这样做，她只觉得在这个小伙子身上散发出一种高级职员的气质。"好啊，让我来看看这张纸条。"秘书小姐看了纸条不禁微笑了起来，并立刻站起身走进老板的办公室。老板看了也大声笑了起来，因为纸条上写着："先生，我排在队伍的第21位，在您看到我之前，请不要作决定。"

结局怎样呢？结局是：佛瑞迪如愿以偿地得到了那份工作。

感 悟

在很多事情面前，由于某些原因，我们的胜算并不大，这时就要想办法争取机会。怎样争取这样的机会？一是要有勇气，二是要有技巧。

看似平常的事，往往蕴含着不平常的道理

综观千百年来的科学技术发展史，那些定理、定律、学说的发现者、创立者，差不多都很善于从细小、司空见惯的自然现象中看出问题，追根求源，终于把"？"拉直，变成"！"，找到了真理。

就拿洗澡来说，洗澡是一件非常普通的事情。洗完澡，把浴缸的塞子一拔，水"哗哗"地流走……然而，美国麻省理工学院机械工程系的系主任谢皮罗教授，却敏锐地注意到：每次放掉洗澡水时，水的漩涡总是向左旋的，也就是逆时针的！

这是为什么呢？谢皮罗紧紧抓住这个问号不放。他设计了一个碟形容器，当里面灌满水时，每次拔掉碟底的塞子，碟里的水也总是形成逆时针旋转的漩涡。这证明放洗澡水时漩涡朝左，并非偶然，而是一种有规律的现象。

1962年，谢皮罗发表了论文，认为这漩涡与地球自转有关。如果地球停止自转的话，拔掉澡盆的塞子，不会产生漩涡。由于地球不停地自西向东旋转，而美国处于北半球，洗澡水便朝逆时针方向旋转。

谢皮罗认为，北半球的台风都是逆时针方向旋转，其道理与洗澡水的漩涡是一样的。他断言，如果在南半球则恰好相反，洗澡水将按顺时针形成漩涡；在赤道，则不会形成漩涡！

谢皮罗的论文发表之后，引起各国科学家的莫大兴趣，纷纷在各地进行实验，结果证明谢皮罗的论断完全正确。

谢皮罗教授从洗澡水的漩涡，联想到地球的自转问题，联想到台风的方向问题，并做出了合乎逻辑的推理，这正是他目光敏锐、善于思索的体现。

无独有偶。在近百年前，一位名叫密卡尔逊的生物学家，调查了蚯蚓在地球上的分布情况。他指出，美国东海岸有一种蚯蚓，而欧洲西海岸同纬度地区也有这种蚯蚓，在美国西海岸却没有这种蚯蚓。密卡尔逊无法回答这是为什么。

密卡尔逊的论文,引起了德国地质学家魏格纳的注意。当时,魏格纳正在研究大陆和海洋的起源问题。他认为,那小小的蚯蚓,活动能力很有限,无法跨渡大洋,它的这种分布情况正是说明欧洲大陆与美洲大陆本来是连在一起的,后来裂开了,分为两个洲。他把蚯蚓的地理分布,作为例证之一,写进了他的名著《大陆和海洋的起源》一书。

就这样,魏格纳从蚯蚓的分布,推断出了地球上大陆和海洋的形成。

感 悟

看似很平常的事,只要我们认真分析、仔细研究,就会发现其中蕴含着不平常的道理。科学的真理往往就在我们身边,需要那些有准备的头脑去发现、去把握、去揭示。做好准备,或许下一个就是你!

善于发现机会的人,甚至能从垃圾和废墟中发现商机

美国德州有座很大的女神像,因年久失修,当地州政府决定将它推倒,只保留其他建筑。这座女神像历史悠久,许多人都很喜欢,常来参观、照相。推倒后,广场上留下了几百吨的废料:有碎渣、废钢筋、朽木块、烂水泥……既不能就地焚化,也不能挖坑深埋,只能装运到很远的垃圾场去。200多吨废料,如果每辆车装4吨,就需50辆,还要请装运工、清理工……至少得花2.5万美元。没有人为了2.5万美元的劳务费而愿意揽这份苦差事。

斯塔克却独具慧眼,竟然在众人避之唯恐不及的情况下,大胆将差事揽在自己头上。因为在他看来,这些"废物"真正是无价之宝。他来到市政有关部门,说愿意承担这件苦差事。他说,政府不必费2.5万美元,只需拿两万美元给他就行了。他可以完全按要求处理好这批垃圾。

合同当时就定下。斯塔克还得到一个书面保证:不管他如何处理这批废物垃圾,政府都不干涉,不能因为看到有什么成

果而来插手。

斯塔克请人将大块废料破成小块，进行分类：把废铜皮改铸成纪念币；把废铅废铝做成纪念尺；把水泥做成小石碑，把神像帽子弄成很好看的小块，标明这是神像的著名桂冠的某部分；把神像嘴唇的小块标明并装在一个个十分精美而又便宜的小盒子里。甚至朽木、泥土也用红绸垫上，装在玲珑透明的盒子里。

更为绝妙的是他雇了一批军人，将广场上这些废物围起来，引来了许多好奇的人围观。大家都盯着大木牌上写的字：

"过几天这里将有一件奇妙的事情发生。"

是什么奇妙事？谁也不知道。

有一天晚上，士兵松懈，有一个人悄悄溜进去偷制成的纪念品，被抓住了。这件事立即传开，于是报纸电台广播纷纷报道，大加渲染，立即就传遍了全美。斯塔克神秘的举动引起了人们极大的好奇心。

这时，斯塔克就开始推出他的计划。他在盒子上写了一句伤感的话："美丽的女神已经去了，我只留下她这一块纪念物。我永远爱她。"

斯塔克将这些纪念品出售，小的1美元一个，中等的2.5美元，大的10美元左右。卖得最贵的是女神的嘴唇、桂冠、眼睛、戒指等，150美元一个，都很快被抢购一空。

斯塔克的做法在全美形成了一股极其伤感的"女神像风潮"，他从一堆废弃物中净赚了12.5万美元。

感 悟

任何事物都有一定的利用价值，关键在于我们有没有一双慧眼。善于发现、善于创造机会的人，能从人人避之唯恐不及的垃圾和废墟中发现无限的商机；而另外一些人，守在机会身边，还到处寻找机会。

在不利的境况中，能寻找到有利的机会

20世纪30年代，美国经济普遍不景气。有位名叫约翰的年轻人，开的公司受这种环境的影响，也倒闭了。此时，约翰身无分文，手头非常拮据。但是，他没有像其他人一样自暴自弃，而是不住地在寻找机会，想干出一番轰轰烈烈的事业。

一天晚上，约翰和一位曾经的同事聊天，那位同事向他讲述了这样一个故事：在以前，汽水饮料是用桶装的，后来，有个人想到了一个办法，用瓶子来装汽水。他将这个办法提供给可口可乐公司，并要求从中获取百分之一的利润。这个办法受到了人们的喜爱，瓶装可口可乐非常畅销，这个人也因此赚了一大笔钱。

当晚，约翰驱车回家，边走边想这个故事。途中经过一个加油站，约翰停下车，进去加油。在当时，加油站是唯一提供加油服务的地方。在加油时，约翰突然灵机一动，想到："我是不是也可以出售瓶装汽油，这样，司机们就不必非得到加油站加油了，开车外出就会方便多了。"正在他要为自己的天才设想而兴奋时，一个问题又出现在眼前，"如果玻璃瓶不小心打破了，那将是非常糟糕的。对了，我可以用罐装！"

打定主意后，约翰立刻投入了行动。他先联络好制罐商和油商，制造出罐装汽油。接着，约翰又跑去见一个连锁杂货店的老板，向他讲述了自己的想法："我有一个绝佳的主意，可以帮助你增加利润。如果你同意一卡车汽油付我75美元利润，我愿意提供这个方法。"

老板虽然有点疑惑，但还是同意了他的要求，并让他说出自己的办法。

约翰说："出售罐装汽油！同时我将供应你们这种产品。"

就这样，约翰在经济不景气的时候，以每卡车75美元的利润，成为百万富翁，这也为他日后的发展，奠定了坚实雄厚的基础。

> **感 悟**
>
> 当外在因素对自己不利时,一味地抱怨、叹息是无用的,关键是要改变自己。在不利的境况中,要寻找到有利的机会,以求得自身的发展。

对于自己的选择,不要心存抱怨

从前,一群青蛙决定请求上帝给它们派一个国王。上帝感到很有趣。"给你们,"说着就把一根原木"扑通"一声扔到青蛙住的湖里,"这就是你们的国王。"青蛙吓得潜入水中,尽可能往泥里钻。过了一会儿,一只比较胆大的青蛙小心翼翼地游到水面上,看看新国王。"它好像很安静,"青蛙说,"它也许睡着了。"木头在平静的湖面上一动不动,更多的青蛙一个又一个浮上来看。它们越来越近,最后跳到木头上面去,完全把它们刚才害怕的情况忘记了。有一天,一只老青蛙说:"这个国王很迟钝,不是吗?我想,我们应该要一个能使我们守秩序的当国王。这一个国王只知躺在那儿,让我们随便活动。"

于是青蛙再次请求上帝:"难道您不能给我们一个好一点的国王吗?派一个有活动能力的吧。"上帝派一只长腿鹳到湖里去。鹳给青蛙们留下深刻印象,它们带着钦佩的神情挤在周围。不过它们还没有准备好欢迎词,鹳就把长嘴伸进水里吞食它看得见的青蛙了。"这根本不是我们原来的意思,"青蛙喘着气又潜入水中,钻到水里去。但这一回上帝不听他们的话了。"我给你们的就是你们要求的,"上帝说,"这也许可以告诫你们,不要有抱怨。"

> **感 悟**
>
> 在生活和工作中,我们时刻面临许多选择。有些事一旦做出了选择,就要尊重自己的选择。很多事如果改变了已做出的选择,其结果往往还不如当初的选择。

人生没有回头路，有些事要果断地做出选择

有一天，柏拉图问老师苏格拉底，什么是爱情？老师就让他先到麦田里去，摘一棵麦田里最大、最黄的麦穗来，并且只能摘一次，只可向前走，不能回头。

柏拉图按照老师说的去做了。结果他两手空空地走出了田地。老师问他为什么摘不到？

他说："因为只能摘一次，又不能走回头路，其间即使见到最大、最黄的，因为不知前面是否有更好的，所以没有摘；走到前面时，又发觉总不及之前见到的好，原来我早已错过了最大、最黄的麦穗。所以，我哪个也没摘。"

老师说："这就是'爱情'。"

又有一人，柏拉图问老师，什么是婚姻。他的老师就叫他先到树林里，砍下一棵树林里最大、最茂盛、最适合放在家做圣诞树的树。其间同样只能砍一次，以及同样只可以向前走，不能回头。

柏拉图又照着老师的话做了。这次，他带了一棵普普通通，不是很茂盛，亦不算太差的树回来。老师问他，怎么带这棵普普通通的树回来，他说："有了上一次经验，当我走到大半路程还两手空空时，看到这棵树也不太差，便砍下来，免得错过了，最后又什么也带不回来。"

老师说："这就是婚姻！"

感 悟

人生没有回头路，有些人、有些事一旦错过了就再也找不回来了。要找到某些属于自己的最好的东西，我们不仅要付出相当的努力，而且要有莫大的勇气去果断地选择。遇事犹犹豫豫，只会导致错失良机。

自己拿主意，才不会被别人所左右

美国著名女演员索尼亚·斯米茨的童年是在加拿大渥太华郊外的一个奶牛场里度过的。

当时她在农场附近的一所小学里读书。有一天，她回家后很委屈地哭了，父亲就问原因。

她断断续续地说："班里一个女生说我长得很丑，还说我跑步的姿势很难看。"

父亲听后，只是微笑。忽然他说："我能摸得着咱家的天花板。"

正在哭泣的索尼亚听后觉得很惊奇，不知父亲想说什么，就反问："你说什么？"

父亲又重复了一遍："我能摸得着咱家的天花板。"

索尼亚忘记了哭泣，仰头看看天花板。将近4米高的天花板，父亲能摸得到？她怎么也不相信。

父亲笑笑，得意地说："不信吧？那你也别信那女孩的话，因为有些人说的并不是事实！"

索尼亚就这样明白了，不能太在意别人说什么，要自己拿主意！

她在二十四五岁的时候，已是个颇有名气的演员了。有一次，她要去参加一个集会，但经纪人告诉她，因为天气不好，只有很少人参加这次集会，会场的气氛有些冷淡。经纪人的意思是，索尼亚刚出名，应该把时间花在一些大型的活动上，以增加自身的名气。索尼亚坚持要参加这个集会，因为她在报刊上承诺过要去参加，"我一定要兑现诺言"。

结果，那次在雨中的集会，因为有了索尼亚的参加，广场上的人越来越多，她的名气和人气因此骤升。

后来，她又自己做主，离开加拿大去美国演戏，从而闻名全球。

感 悟

人生的道路坎坷崎岖，很多时候我们都不能太在意别人说什么，而是要自己拿主意。当然，自己拿主意并不是一意孤行，而是有主见，相信自己、忠于自己。只有这样，我们才不会被别人所左右。

要保持自己的本色，因为本色就是最美

20世纪80年代，有位名叫安德森的模特公司经纪人，看中了一位身穿廉价产品，不拘小节、不施脂粉的大一女生。这位女生来自美国伊利诺伊州一个蓝领家庭，唇边长了一颗大黑痣。她从没看过时装杂志，没化过妆，要与她谈论时尚等话题，好比是牵牛上树。

每年夏天，她就跟随朋友一起，在德卡柏的玉米地里剥玉米穗，以赚取来年的学费。安德森偏偏要将这位还带着田野玉米气息的女生介绍给经纪公司，结果遭到一次次的拒绝。有的说她粗野，有的说她恶煞，理由纷纭杂沓，归根结底是那颗唇边的大黑痣。安德森却下了决心，要把女生及黑痣捆绑着推销出去。他给女生做了一张合成照片，小心翼翼地把大黑痣隐藏在阴影里。然后拿着这张照片给客户看，客户果然满意，马上要见真人。真人一来，客户就发现"货不对版"，客户当即指着女生的黑痣说："你给我把这颗痣拿下来。"

激光除痣其实很简单，无痛且省时。女生却说："去你的，我就是不拿。"安德森有种奇怪的预感，他坚定不移地对女生说："你千万不要摘下这颗痣，将来你出名了，全世界就靠着这颗痣来识别你。"果然这位女生几年后红极一时，日入3万美金，成为天后级人物，她就是名模辛迪·克劳馥。她的长相被誉为"超凡入圣"，她的嘴唇被称作芳唇（从前或许有人叫过驴嘴呢），芳唇边赫然入目的是那颗大黑痣。

有一天，媒体竟然盛赞辛迪有前瞻性眼光。辛迪回顾从前，一次次倒抽凉气，成名路上多艰辛，幸好遇上"保痣人士"安德森。如果她摘了那颗痣，就是一个通俗的美人，顶多拍几次廉价的广告，就淹没在繁花似锦的美女阵营里面。暑期到来，可能还要站在玉米地里继续剥玉米穗，以赚取来年的学费。

| 感 悟

这世上没有绝对的美与丑，美与丑通常是可以互相转化的。但有一点可以肯定，就是最美的往往都来自于本色、来自于自然。所以，不要在乎别人挑剔的眼光，保持自己的本色，你就是最美的。

不失去自身的个性，才能从同行中脱颖而出

美国少年斯克劳斯的母亲是个小裁缝，受母亲的影响他自小就喜欢时装。尽管家境贫寒，但斯克劳斯决心要做一名出色的时装设计师。斯克劳斯常常将母亲裁剪后的布头偷来，东拼西凑地做成各种各样的小人衣服。由于母亲的布头有限，并且那些布头都是要用来做鞋垫的，斯克劳斯总是遭到父亲的责备。斯克劳斯感到自己的创作欲望得不到满足。

有一天，斯克劳斯将父亲从自家凉棚上撤下来的废棚布捡来制成了一件衣服，这种粗布在当时是专门用来盖棚用的。斯克劳斯穿着自己做的衣服走在大街上，很多人都说他是疯子。甚至母亲都觉得斯克劳斯太过分了。

斯克劳斯的母亲见儿子沉迷于服装设计，便鼓励儿子去向时装大师戴维斯请教，她希望自己的儿子能成为像戴维斯一样成功的时装设计师。那一年斯克劳斯18岁，他带着自己设计的粗布衣来到了戴维斯的时装设计公司。当戴维斯的弟子们看到斯克劳斯设计的衣服时，忍不住哄堂大笑，他们从来没有看到过如此粗俗的衣服！可是戴维斯却将斯克劳斯留了下来。

在戴维斯的鼓励与帮助下，斯克劳斯设计出了大量的粗布衣。可是，没有人对斯克劳斯的衣服感兴趣。斯克劳斯设计的衣服大量积压在仓库里。就连戴维斯都对自己收留斯克劳斯的决定产生了怀疑。但斯克劳斯很固执，他坚信自己的衣服会受到人们的欢迎，于是他试着将那些粗布衣服运往非洲，销给那里的劳工们。由于那种粗布价格低廉、耐磨，居然很受劳工们的欢迎，很快衣服销售一空。

斯克劳斯又将那些粗布衣服做成适合旅行者穿的款式,因为它的沧桑感和洒脱,居然又很受旅行爱好者的欢迎。斯克劳斯又设计出了许多种款式,人们惊奇地发现,那种衣服穿在身上不但随意,还有一种很特别的风味,而且不分季节,任何年龄的人都可以穿。一时间,大家都争着穿起了斯克劳斯设计的粗布衣。如今那种衣服已风靡了全球,那就是以斯克劳斯与戴维斯为品牌的牛仔衣。

感悟

人生的道路不可能一帆风顺,但不管环境如何恶劣,遇到多少艰难困苦,只要认为自己所做的事是正确的,我们就应该坚定不移地去做。只有这样,才能不失去自身的个性,才能从同类事物中脱颖而出。

当机会来临时,把握住应该属于自己的就行了

深海里,一只小鲨鱼长大了,开始和妈妈一起学习觅食,它逐渐学会了如何捕捉食物。

妈妈对它说:"孩子,你长大了,应该离开我去独自生活。"鲨鱼是海底的王者,几乎没有任何生物能伤害它,所以虽然妈妈不在小鲨鱼的身边,但还是很放心。它相信,儿子凭借着优秀的捕食本领,一定能生活得很好。

几个月后,鲨鱼妈妈在一个小海沟里见到了小鲨鱼,它被儿子吓了一跳。小鲨鱼所在的海沟食物来源很丰富,它就是被鱼群吸引到这里的,小鲨鱼在这里应该变得强壮起来,可是它看上去却好像营养不良,很疲惫。

究竟出了什么问题呢,鲨鱼妈妈想。它正要过去问小鲨鱼,却看见一群大马哈鱼游了过来,而小鲨鱼也来了精神,正准备捕食。

鲨鱼妈妈躲在一边,看着小鲨鱼隐蔽起来,等着马哈鱼游进自己能够攻击到的范围。一条马哈鱼先游过来,已经游到了小鲨鱼的嘴边,也丝毫没有感觉到危险。鲨鱼妈妈想,这下儿子一闭嘴就可以美餐一顿，可是出乎它意料的是，儿子连动也没有动。

两条、三条、四条，越来越多的马哈鱼游近了，可是小鲨鱼却还是没有动，盯着远处剩下不多的马哈鱼，这个时候小鲨鱼急躁起来，凶狠地扑了过去，可是距离太远，马哈鱼们轻松摆脱了追击。

鲨鱼妈妈追上小鲨鱼问："为什么不在马哈鱼在你嘴边的时候吃掉它们？"

小鲨鱼说："妈妈，你难道没有看到，我也许能得到更多。"

鲨鱼妈妈摇摇头说："不是这样的，欲望是无法满足的，但机会却不是总能遇到的。贪婪不会让你得到更多，甚至连原来能得到的也会失去。"

感悟

欲望是无底的沟壑，永远也填不满。有时，我们并不是没有付出足够的努力，而是由于我们贪图太多，积重难返。其实，当机会来临时，我们只要把握住那些应该属于自己的东西就行了。

要学会放弃，尤其是那些拖我们后腿的东西

丹尼斯是美国野生动物保护协会的成员，为了搜集狼的资料，他走遍了大半个地球，见证了许多狼的故事。他在非洲草原就曾目睹了一个狼和鬣狗交战的场面，至今难以忘怀。

那是一个极度干旱的季节，在非洲草原许多动物因为缺少水和食物而死去了。生活在这里的鬣狗和狼也面临同样的问题。狼群外出捕猎统一由狼王指挥，而鬣狗却是一窝蜂地往前冲，鬣狗仗着数量众多，常常从猎豹和狮子的嘴里抢夺食物。由于狼和鬣狗都属犬科动物，所以能够相处在同一片区域，甚至共同捕猎。可是在食物短缺的季节里，狼和鬣狗也会发生冲突。这次，为了争夺被狮子吃剩的一头野牛的残骸，一群狼和一群鬣狗发生了冲突。尽管鬣狗死伤惨重，但由于

数量比狼多得多,很多狼也被鬣狗咬死了,最后,只剩下狼王与5只鬣狗对峙。

显然,狼王与鬣狗力量相差悬殊,何况狼王还在混战中被咬伤了一条后腿。那条拖拉在地上的后腿,是狼王无法摆脱的负担。面对步步紧逼的鬣狗,狼王突然回头一口咬断了自己的伤腿,然后向离自己最近的那只鬣狗猛扑过去,以迅雷不及掩耳之势咬断了它的喉咙。其他4只鬣狗被狼王的举动吓呆了,都站在原地不敢向前。更加吃惊的莫过于躲在草丛里扛着摄像机的丹尼斯。终于,4只鬣狗拖着疲惫的身体一步一摇地离开了怒目而视的狼王。狼王胜利了。

感悟

生活中,有些东西有时会拖我们的后腿,使我们瞻前顾后、患得患失,不能集中精力解决问题。有魄力的人往往会果断地舍弃这些东西。如果不懂得放弃,就无法获取更大的成功,甚至还会失去某些最根本的东西。

只要我们好好把握机会,一切皆有可能

乔利·贝朗出生于巴黎一个贫民家庭。13岁时他便独自外出打工。由于年纪小,没有哪个工厂肯聘用他。他流浪几年后,找到一个贵族家庭,在他的苦苦哀求下,贵夫人让他在厨房里当了一名小杂工。他每天的工作就是杀鸡、杀鱼、拖地、扫厕所,几乎包揽了全部脏活累活。他一天至少要干12个小时,而所得的工资连一只鸡都买不到,但他仍然感到非常满足。他总是省吃俭用地将辛苦赚来的钱攒起来,贴补家用。

就是这样紧巴巴的日子也不长久。一天半夜,乔利被一阵急促的敲门声惊醒。原来贵夫人第二天一早要去赴一个约会,要乔利立即将她的衣服熨一下。因为实在太困了,他不小心将煤油灯打翻,灯里的油滴在了贵夫人的衣服上。

乔利被吓坏了,他就是打一年工恐怕也买不来那件昂贵的衣服。贵夫人坚决要求乔利赔偿,给她白打一年工!乔利

沮丧极了，但当他答应给贵夫人白打一年工后，他也得到了那件衣服。其实那件衣服只是弄脏了一点而已，如果将它送给母亲穿，她一定会很高兴。但他不敢将这件事告诉母亲，她会很伤心的。于是乔利将那件衣服挂在自己的窗前以警示自己别再犯错。

一天，他突然发现那件衣服被煤油浸过的地方不但没脏，反而将原有的污渍消除了。经过反复试验，乔利又在煤油里加了一些其他的原料，终于研制出了干洗剂。

一年后，乔利离开了贵夫人，自己开了一间干洗店。世界上第一家干洗店就这样诞生了。

乔利的生意一发而不可收，几年间他便成了让世界瞩目的干洗大王。如今，干洗店遍布世界的每一个角落，人们在享受他发明的干洗剂的同时，也记住了他的名字——乔利·贝朗。

感　悟

塞翁失马，焉知非福。人世间的许多事往往都不是那么绝对的，幸福中常常蕴含着某种可能会带来灾难的因素，而苦难中有时候却掩埋着希望和光明的种子。所以，只要我们能够把握住机会，一切都皆有可能。

对于每个生命来说，只有自己才是上帝

有一天，上帝来到人间。遇到一个智者，正在钻研人生的问题。上帝敲了敲门，走到智者的跟前说："我也为人生感到困惑，我们能一起探讨探讨吗？"

智者毕竟是智者，他虽然没有猜到面前这个老者就是上帝，但也能猜到绝不是一般的人物。他正要问上帝您是谁，上帝说："我们只是探讨一些问题，完了我就走了，没有必要说一些其他的问题。"

智者说："我越是研究，就越是觉得人类是一种奇怪的动物。他们有时候非常善用理智，有时候却非常的不明智，而且往往在大的方面迷失了理智。"

上帝感慨地说:"这个我也有同感。他们厌倦童年的美好时光,急着成熟,但长大了,又渴望返老还童;他们健康的时候,不知道珍惜健康,往往以牺牲健康来换取财富,然后又以牺牲财富来换取健康;他们对未来充满焦虑,但却往往忽略现在,结果既没有生活在现在,又没有生活在未来之中;他们活着的时候好像永远不会死去,但死去以后又好像从没活过,还说人生如梦……"

智者对上帝的论述感到非常的精辟,他说:"研究人生的问题,很是耗费时间的。您怎么利用时间呢?"

"是吗?我的时间是永恒的。对了,我觉得人一旦对时间有了真正透彻的理解,也就真正弄懂了人生了。因为时间包含着机遇,包含着规律,包含着人间的一切,比如新生的生命、没落的尘埃、经验和智慧等人生至关重要的东西。"

智者静静地听上帝说着,然后,他要求上帝对人生提出自己的忠告。

上帝从衣袖中拿出一本厚厚的书,上边却只有这么几行字:

"人啊!你应该知道,你不可能取悦于所有的人;最重要的不是去拥有什么东西,而是去做什么样的人和拥有什么样的朋友;富有并不在于拥有最多,而在于贪欲最少;在所爱的人身上造成深度创伤只要几秒钟,但是治疗它却要很长很长的时光;有人会深深地爱着你,但却不知道如何表达;金钱唯一不能买到的,却是最宝贵的,那便是幸福;宽恕别人和得到别人的宽恕还是不够的,你也应当宽恕自己;你所爱的,往往是一朵玫瑰,并不是非要极力地把它的刺根除掉,你能做的最好的,就是不要被它的刺刺伤,自己也不要伤害到心爱的人;尤其重要的是:很多事情错过了就没有了,错过了就会变的。"智者看完了这些文字,激动地说:"只有上帝,才能……"抬头一看,上帝已经走得没影没踪了,只是周围还飘着一句话:"对每个生命来说,最重要的便是:只有自己才是自己的上帝。"

感 悟

对于人生，我们时常充满迷惑，时常犯下一些不该犯的错，当这些问题无法解决时，我们往往想到的不是自己，而是上帝。其实，对于每个生命来说，只有自己才是上帝。因为，所有的事都是自己造成的，当然，自己也绝对有能力去解决这些问题。

第七章

只有去行动了，
才会知道有什么样的结果

行动就像是火种，一旦点着了，就会燃烧出熊熊大火，一发而不可收。只要我们去行动，就会有一扇门为我们开启；如果我们不迈开人生的那一步，那么属于我们的那扇门就永远是关着的。

只有去行动了,才会知道有什么样的结果

朗特丝已经沮丧到了不想起床的地步。她精力不济,自从胖了50磅以来,每天要睡16~18小时。就在这时,收音机里的一则广告引起了她的兴趣。由于朗特丝的治疗师说过她不可能好转,因此实在很难相信她会对健康俱乐部的广告感到有兴趣。更令人惊讶的是,她竟然摇摇晃晃地跑到那里一探究竟。这是她的第一步。若不是这一步,以下的故事也没得发展了。

俱乐部推广人员及会员既友善又生气蓬勃,他们显然很喜欢目前从事的工作。朗特丝加入俱乐部后,就展开了运动课程。经过一段时间,她的感觉及精神大幅度地转变,于是她说服俱乐部给她一份推广的工作。

朗特丝向来对广播推销极为神往,有意朝这个方向发展。但她中意的电台没有职缺,也不愿给她面试机会。但是她没有放弃,只是死守在总经理办公室门前,直到他答应让她面试为止。看到她显露出来的信心、决心、毅力及冲劲,经理终于点头,答应雇用她。

接下来是她的人生转折点:她跌断了腿,几个月之内都得上石膏、挂拐杖,但她并没有停下来。12天后,她又回到电台,并雇了一名司机载她到各指定地点去。由于上下车对她实在很不方便,她开始利用电话进行推销和接订单,结果业绩竟大幅度地上升。

由于朗特丝一个人的业绩比其他4名推销员的总和还高,于是同事们开始向她讨教。朗特丝向来不吝与人分享资讯,因此便将自己的方法传授给其他推销员。

没多久,销售部经理辞职,大家便向上级请求,由朗特丝接任经理一职。朗特丝获新职后,兢兢业业,不仅每天召开销售会议,还保持自己的业绩。虽然电台销售仅占市场的2%,但他们每个月的营业额却由4万美元上升至10万美元,全年下来,共累积达27万美元!广播电台的狄斯耐频道总经理听说这个电

台听众最少，业绩却名列前茅，便邀请朗特丝到其他城市主持研讨会。不管她到哪里，成果都相当显著，因为一旦有了凝聚信心的动机，再配合顾客至上的销售技巧，生意自然蒸蒸日上。

由于研讨会的成果斐然，狄斯耐连锁电台因此聘请朗特丝担任整个连锁线的销售部副总。"全国广播协会"也邀请她到全国大会中对2000名听众发表一场演讲。虽然朗特丝从未有过演讲的经验，但她对自己及所学的技巧，都具有无比的信念。她战战兢兢地准备演讲稿，想象自己说话的样子，在心里想着听众对她演讲报以热烈回响的情景。每演练完一次，她就给自己来个起立鼓掌（极有力的意象营造法）。

那一天终于到来。她准备了一大堆演讲稿，一切准备就绪。但是当她踏上讲台，炫目的灯光却使她很难看清演讲稿。于是她走下讲台，依照心中的感想发表演说。听众如痴如醉，不断以掌声打断她，并起立向她致敬，景象与她心里所想象的完全一致。演讲完毕后，她立即受邀前往全国18个城市开办研讨会。

如今，朗特丝已是全国知名的演说家、作家，也是她自己的公司——朗特丝推销与激励公司的董事长。她比以往更快乐、更健康、更富裕，也更稳定。她的朋友增多了，心态平和安宁，家庭关系融洽，对未来更是充满了希望。

感 悟

行动就像是火种，一旦点着了，就会燃烧出熊熊大火，一发而不可收。只要我们去行动，就会有一扇门为我们开启；如果我们不迈开人生的那一步，那么，属于我们的那扇门就永远是关着的。

如果你认为自己的主意很好，就去试一试

迈克尔·戴尔总喜欢这样说："如果你认为自己的主意很好，就去试一试！"

当迈克尔·戴尔进入得克萨斯大学的时候，像大多数大一学生那样，他需要自己想办法赚零用钱。那时候，大学里人人

都谈论个人电脑,但由于售价太高,许多人买不起。一般人所想要的,是能满足他们的需要而又售价低廉的电脑,但市场上没有。

戴尔心想:"经销商的经营成本并不高,为什么要让他们赚那么厚的利润?为什么不由制造商直接卖给用户呢?"戴尔知道,IBM公司规定经销商每月必须提取一定数额的个人电脑,而多数经销商都无法把货全部卖掉。如果存货积压太多,经销商会损失很大。于是,他按成本价购买经销商的存货,然后在宿舍里加装配件,改进性能。这些经过改良的电脑十分受欢迎。戴尔见到市场的需求巨大,于是在当地刊登广告,以零售价的八五折推出经他改装过的电脑。不久,许多商业机构、医生诊所和律师事务所都成了他的顾客。

有一次戴尔放假回家时,他的父母担心他的学习成绩。"如果你想创业,等你获得学位之后再说吧。"戴尔答应了,可是一回到学校,他就觉得如果听父母的话,就是在放弃一个一生难遇的机会。"我认为我绝不能错过这个机会。"一个月后,他又开始销售电脑,每月赚5万多美元。

戴尔坦白地告诉父母:"我决定退学,自己开办公司。""你的目标到底是什么?"父亲问道。"和IBM公司竞争?"他的父母觉得他太好高骛远了。但无论他们怎样劝说,戴尔始终坚持己见。终于,他们达成了协议:他可以在暑假时试办一家电脑公司,如果办得不成功,到9月他就回学校去读书。戴尔回到学校后,拿出全部储蓄创办戴尔电脑公司。他以每月续约一次的方式租了一个只有一间房的办事处,雇用了第一位雇员,是一名28岁的经理,负责处理财务和行政工作。在广告方面,他在一只空盒子底上画了戴尔电脑公司第一个广告的草图。他的一位朋友按草图重绘后拿到报馆去刊登。戴尔仍然专门直销经他改装的IBM公司的个人电脑。第一个月营业额达到18万美元,第二个月26.5万美元,不到一年,他便每月售出个人电脑1000台。于是,戴尔毅然地走出了学校,开创自己的事业。

到了迈克尔·戴尔的其他同学大学毕业的时候,他的公司每年营业额已达 7000 万美元。

| 感 悟 |

一个人要做一件事,常常缺乏的是迈出第一步的勇气。但如果你鼓足勇气开始做了就会发现,做一件事最大的障碍,往往是来自自己的内心,更主要是缺乏行动的勇气。有勇气开了头,再往下做就会有顺理成章的事情发生。

只有全面地了解自己,才会取得你想要的成功

有一个 25 岁的小伙子,因为对自己的工作不满意,他跑来向柯维咨询。他对自己的生活目标是:找一个称心如意的工作,改善自己的生活处境。

"那么,你到底想做点什么呢?"柯维问。

"我也说不太清楚,"年轻人犹豫不决地说,"我还从来没有考虑过这个问题。我只知道我的目标不是现在的这个样子。"

"那么你的爱好和特长是什么呢?"柯维接着问,"对于你来说,最重要的又是什么?"

"我也不知道,"年轻人回答说,"这一点我也没有仔细考虑过。"

"如果让你选择,你想做什么呢?你真正想做的是什么?"柯维对这个话题穷追不舍。

"我真的说不准,"年轻人困惑地说,"我真的不知道我究竟喜欢什么,我从没有仔细考虑这个问题,我想,我确实应该好好考虑考虑了。"

"那么,你看看这里吧,"柯维说,"你想离开你现在所在的位置,到其他地方去。但是,你不知道你想去哪里,你不知道你喜欢做什么,也不知道你到底能做什么。如果你真的想做点什么的话,那么,现在你必须拿定主意。"

柯维和年轻人一起进行了彻底的分析。柯维对这个年轻人的能力进行了测试,他发现这个年轻人对自己所具备的才能并

不了解。柯维知道，对每一个人来说，前进的动力是不可缺少的，因此，他教给年轻人培养信心的技巧。

几天之后，年轻人又找到了柯维，并告诉柯维，他已经找到了自己所喜欢的事情和所想做的事情——烹饪。这位年轻人已经满怀信心地踏上了成功的征途。他已经知道他到底想干什么，知道他应该怎么做。他懂得怎样才能事半功倍，他期待着收获，他也一定能获得成功——因为没有什么困难能挡住他前进的脚步。没过几年，这个年轻人已经在烹饪界崭露头角，获得了他想要的成功。

感 悟

无论在生活中还是在工作中，都要对自己做一个全面的了解，找出自己想要的到底是什么，找出自己到底想做什么，然后再明确自己的目标和方向并为之去奋斗。只有这样，才会取得你想要的成功。

梦终归只是梦，只有行动才能有所收获

和加·纳斯尔到一家毡房里做客。这座毡房里住着两个吝啬的亲兄弟。

当和加·纳斯尔走进毡房时，他们的锅里正煮着一只鹌鹑。一见和加·纳斯尔，他们马上撤去了锅下的柴火，在锅架上挂上了一壶茶。

"你们干吗煮茶给自己添麻烦呢？我们喝上一碗肉汤，让油花沾沾嘴唇，不就行了吗？"客人说。

"您先喝碗茶吧！锅里煮的只有一只鹌鹑，我和我弟弟打算睡觉时分别做上一梦，第二天喝早茶时，各自把梦讲述一遍，我俩谁的梦好，这只鹌鹑就归谁吃！"哥哥说。

"这么说，我也需要做梦吗？"和加·纳斯尔问道。

"当然，您同样需要做梦。假如您的梦比我们俩的梦都好的话，鹌鹑就归您吃！怎么样？现在请喝茶吧！"

就这样，和加·纳斯尔在这一对吝啬兄弟的捉弄下，瘪着

肚子躺下了。

第二天清晨,当他们起床穿衣服的时候,和加·纳斯尔便问起梦来。

大哥说:"我梦见我和我的妻子和两个孩子全都披绸穿缎,骑着神鸟,在辽阔的蓝天里自由翱翔,穿过一团团白云,向天空中最美的太阳和月亮飞去。那里应有尽有,地上遍布着财宝,星星都簇拥在我们周围。"

弟弟接着说:"我哥哥在天空飞翔的情景,我也在梦中见到了。但是,我的梦更奇特。我一下子娶了3个老婆,又生下了13个孩子。我们全家想吃什么便有什么,过上了非常富裕的生活。我又被百姓们推选为可汗。一天,我们坐上了轿子来到了海边,然后,又坐卜船,在无边无际的大海里游玩、散心。世上的百姓全都惊异地望着我们。可是,我们连看也不看他们。"

这时,和加·纳斯尔说:"呵呵,你们两个的梦都很有趣。我在梦中一直看着你们俩干这又干那,我想:你们两个都过上了这样幸福、豪华的生活,一个在天上飞,一个在海里游,对你们来说,这口黑锅中煮的这只又小又不好的鹌鹑,还有什么用呢?于是,我半夜爬起来,把它吃了!"

兄弟俩目瞪口呆,把锅盖掀起一看,鹌鹑真的没有了。

感 悟

不管你的梦做得有多么好,你都不可能真正地去拥有梦中的东西。但是,在现实生活中,无论你做了多么微不足道的事情,也不管它是不是值得一提,这件事情却是真实存在的,是你可以拥有的。要知道,只有行动起来,才会有所收获。

只有经历了磨难,才能抵达理想的彼岸

苦难就是河水,我们都是泥人。那么,天堂在哪里?

有一天,上帝宣旨说,如果哪个泥人能够走过他指定的河流,他就会赐给这个泥人一颗永不消逝的金子般的心。

这道旨意下达之后，泥人们久久都没有回应。不知道过了多久，终于有一个小泥人站了出来，说它想过河。

"泥人怎么可能过河呢？你不要做梦了。"

"走不到河心，你就会被淹死的！"

"你知道肉体一点儿一点儿失去时的感觉吗？"

"你将会成为鱼虾的美味，连一根头发都不会留下！"

……

其他的泥人都在劝着它。

然而，这个小泥人决意要过河。它不想一辈子只做这么个小泥人，它想拥有一颗金子般的心。但是，它也知道，要拥有上帝赐予的心，必须遵守他的旨意，即要到天堂，必得先过地狱。而它的地狱，就是它将要去经历的河流。

小泥人来到了河边，犹豫了片刻，它的双脚踏进了水中，顿时撕心裂肺的痛楚淹没了它。它感到自己的脚在飞快地融化着，每一分、每一秒都在远离自己的身体。

"快回去吧，不然你就会毁灭的！"河水咆哮着说。

小泥人没有回答，只是沉默着往前挪动，一步，二步……这一刻，它忽然明白，它的选择使它连后悔的资格都不具备了。如果倒退上岸，它就是一个残缺的泥人；在水中迟疑，只能够加快自己的毁灭。而上帝给他的承诺，则比死亡还要遥远。

小泥人孤独而倔强地走着。这条河真宽啊，仿佛耗尽一生也走不到尽头似的。小泥人向对岸望去，看见了那里锦缎一样的鲜花和碧绿无垠的草地，还有轻盈飞翔的小鸟。上帝一定坐在树下喝茶吧，也许那就是天堂的生活。可是它付出一切也几乎没有什么可能抵达。那里没有人知道它，知道它这样一个小泥人和它那个梦一样的理想。上帝没有赐给它出生在天堂当花草的机会，也没有赐给它一双小鸟的翅膀。但是，这能够埋怨上帝吗？上帝是允许它去做泥人的，是它自己放弃了安稳的生活！

小泥人的泪水流下来，冲掉了它脸上的一块皮肤。小泥人赶紧抬起脸，把其余的泪水统统压回了眼睛里。泪水顺着喉咙一直流下，滴在小泥人的心上。小泥人第一次发现，原来流泪也可以有这样一种方式——对他来说，也许这是目前唯一可能的方式。

小泥人以一种几乎不可能的方式向前移动着，一厘米，一厘米，又一厘米——鱼虾贪婪地吸着它的身体，松软的泥沙使它每一瞬间都摇摇欲坠，有无数次，他都被波浪呛得几乎窒息。小泥人真想躺下来休息一会儿啊，可它知道，一旦躺下，它就会永远安眠，连痛苦的机会都会失去。它只能忍受、忍受，再忍受。奇妙的是，每当小泥人觉得自己就要死去的时候，总有什么东西使它能够坚持到下一刻。

不知道过了多久——简直就到了让小泥人绝望的时候，小泥人突然发现，自己居然上岸了。它如释重负，欣喜若狂，正想往草坪上走，又怕自己褴褛的衣衫玷污了天堂的洁净。它低下头，开始打量自己，却惊奇地发现，它已经什么都没有了——除了一颗金灿灿的心。而它的眼睛，正长在它的心上。

它什么都明白了，天堂里从来就没有什么幸运的事情。花草的种子先要穿越沉重黑暗的泥土才得以在阳光下发芽微笑，小鸟要跌打了无数根羽毛才能够锤炼出凌空的翅膀，就连上帝，也不过是曾经在地狱中走了最长的路挣扎得最艰难的那个人。而作为一个小小的泥人，它只有以一种奇迹般的勇气和毅力，才能够让生命的激流荡清灵魂的浊物，然后，找到自己本来就有的那颗金子般的心。

感 悟

人生是一个不断奋斗的过程，安于现状、不思进取、害怕接受磨炼的人，其生活永远也不可能有大的飞跃。上天对每个人都是公平的，没有谁能随随便便成功。只有那些经历了磨难的人，才能抵达理想的彼岸。

改变你的生活目标，就会改变你的命运

有天晚上，德国纳粹闯入史坦尼斯拉夫斯基的家，把他们一家全送进克来寇死亡集中营里，最后还当着他的面把他的家人全部处死。

从此以后，他跟其他集中营里的犯人一同做工，每天他得从日出做到日落，由于食物配给不足，他十分瘦弱，加上想起家人的惨死，常使他莫名悲痛。有哪个人能受得了这种折磨呢？可是他得继续承受下去。有一天他突然醒悟，像这样的日子若是再待下去，迟早是会送命的，于是他下定决心逃亡。虽然在此之前没有人成功逃脱，可是史坦尼斯拉夫斯基就是相信天无绝人之路。

原先他只想到如何在这个集中营里活下去，可是如今意念变了，他自问："要怎么样才能逃出这个地狱？"然而，脑子一遍又一遍给他相同的答案："别傻了，你绝无逃脱的机会，这样子胡思乱想，只会使你更痛苦！"可是他就是不接受这个答案，仍不时自问："我得怎么办才是？一定有逃离的办法，只是我要怎样脱离这块地方呢？"

终于有一天答案出来了，就在做工地点数尺之远，他闻到一股臭味，出自于被瓦斯毒死的男女老幼的尸体，全都赤条条地堆在一辆卡车上。他可没这么想："上天怎会允许这种惨绝人寰的事情发生？"反而自问："我怎样利用这个机会逃脱？"

当日薄西山，夜幕渐临，工作队要回营之际，他逮住机会，迅速脱去衣裤，全身赤裸地钻进尸堆，没有人发现，事实上也没有人会想到。

假装成死人，一具具尸体陆续堆在他的身上，且周遭尽是令人作呕的腐尸臭味，但他就是动也不动。终于听到引擎发动了，然后卡车开动，没多久来到一个大坑前，车上所有尸体便倾倒了下去。他一直不敢动，直到确定附近没有一个人，才偷偷爬出那个大坑。随之，便不顾一切赤裸拔足飞奔，整整跑了40公

里之遥而终获自由。

> **感 悟**
>
> 在很多时候，我们的命运如何，取决于我们对生活抱有什么样的目标，不一样的目标就会有不一样的命运。如果你的目标是一成不变的话，你的命运就不会有什么改变；当你的目标改变了，你的命运才会随之而改变。

有勇气打开阻隔的门，才会成为真正的英雄

有一位青年一心想成为真正的英雄。经过3个月的跋山涉水，他终于在深山里的一间小木屋里找到了日思夜想的智者。

青年走上前去敲门："我不远万里而来，就是想弄明白一个问题：怎样才能成为真正的英雄？"

智者在屋里面说："现在晚了，你明天再来吧！"

第二天一早，青年又去敲门。

智者说："现在太早了，我还没到起床的时候，你明天再来吧！"

第三天一早，青年又去敲门。

智者说："现在你来得太迟了，我要去晨练，你明天再来吧！"

青年第六次去敲智者的门时，智者又说："我要休息了，你明天再来吧！"

青年怒从心起，大声说："每次你都这样推三推四，我何时才能成为真正的英雄？"青年说完踢开了智者的门，直冲进屋里去。

智者笑眯眯地看着怒发冲冠的青年，说："我等了6天，就等你鼓足勇气打开我的门。"

> **感 悟**
>
> 世间万物之间相隔的仅仅是一扇门。在生活中，我们遇到的种种困难，其实也只是一扇阻挡我们前进的门。面对困难总有解决的办法，只要你有勇气打开这扇门，成功就在对面。

与其制订漫长的计划，不如立即开始行动

奥马尔是一个有作为的皇帝。他的头脑里充满了智慧，而且稳健、博学，为人们所敬仰。

有一次，一个年轻人问他："您是如何做到这一切的，刚一开始您是否就已经制订了一生的计划了呢？"

奥马尔微笑着说："到了现在这个年纪，我才知道制订计划是没有用的。"

"当我20岁的时候我对自己说：'我要用20岁以后的第一个10年学习知识；第二个10年去国外旅行；第三个10年，我要和一个美丽、漂亮的姑娘结婚并且生几个孩子。在最后的10年里，我将隐居在乡村地区，过着我的隐居生活，思考人生。'

"终于有一天，在前10年的第七个年头，我发现自己什么也没有学到，于是我推迟了旅行的安排。在以后的4年时间里，我学习了法律，并且成了这一领域举足轻重的人物，人们把我当作楷模。

"这个时候我想要出去旅行了，这是我心仪已久的愿望，但是各种各样的事情让我无法抽身离开。我害怕人们在背后斥责我不负责任，后来我只好放弃旅行这个想法。

"等到我40岁的时候，我开始考虑自己的婚姻了，但总是找不到自己以前想象中美丽、漂亮的姑娘。直到62岁的时候，我还是单身一个人，那时候我为自己这么大一把年纪还想结婚而感到羞愧，于是我又放弃了找到这样一个姑娘并且和她结婚的想法。

"后来我想到了最后一个愿望，那就是找一个僻静的地方隐居下来，但是我一直没有找到这样一个地方。如果要有什么大的疾病，我恐怕连这个愿望都完成不了。

"这就是我一生的计划，但是一个也没有实现。

"孩子，你现在还年轻，不要把时间放在制订漫长的计划上，只要你想到要做一件事就马上去做。世界上没有固定的事物，

计划赶不上变化。放弃计划，立刻行动吧！"奥马尔最后说。

感 悟

人生不能没有计划，没有计划就会很茫然。制订计划固然很重要，但不可把时间浪费在制订计划上，更不可制订了计划不去执行，否则计划就失去了意义。计划赶不上变化，与其制订漫长的计划，不如立即开始行动。

要想事后不后悔，该出手时就出手

据说欧洲某国有一条奇怪的法律：夜里12点过后，警察不能抓小偷，否则就有可能受到小偷的控告，接受法律的制裁，因为前者侵犯了后者的人权。

干了10多年警察的哈德利当然对这条法律烂熟于心，不敢轻易违背。

有一次，哈德利下班回家时有点晚了，当经过一家自来水厂时，他发现一个黑影正在翻越自来水厂的围墙。是小偷？哈德利抬手看看表，时间已过12点，管还是不管？就在他左右为难的时候，他忽然下意识地感觉今天的这个黑影，可能不是一般的小偷，因为很少有小偷到自来水厂去行窃。

哈德利决定挑战一回法律，哪怕仅仅是个误会，他也要把那家伙抓住，问问他想干什么。哈德利当机立断，把那家伙从围墙上拉了下来。小偷不肯就范，哈德利一拳将对方打昏，从对方身上搜出一袋白色粉末。那袋白色粉末是剧毒药物。白色粉末的持有者，是一个邪教组织成员，他企图把它投进自来水系统。试想，如果这个阴谋得逞，后果将是多么严重，不言而喻。

后来，哈德利不仅没有受到法律的制裁，还得到了提升，受到了政府的嘉奖和全市人民的感谢，成为人们心目中的英雄。

面对记者的采访，哈德利只说了一句话："我之所以不顾一切地抓住那家伙，是因为我明白，在当时我是唯一能够制止他的人，如果我因为害怕某种规定而不抓住这个机会，事后我肯定会后悔，尽管当时我并不清楚那个家伙到底想干什么。"

感 悟

很多时候，很多人都会为了某件事情而悔不当初，他们通常会抱怨自己当时为什么没有那么做。其实，当事情已经过去的时候，再后悔就太晚了，它不会给我们重来一次的机会。所以，如果想要事后不后悔，就要把握住每一个机会，该出手时就出手。

第八章

懂得生存,学会竞争

只要我们还活着,就得生存下去,要想更好地生存下去,就要参加竞争。对于我们每个人来说,生存和竞争都是残酷的。只有懂得生存,学会竞争,我们才能更好地存活于世上。

无论在任何时候，都绝不能轻易放弃生命

非洲大草原富饶辽阔，美丽多姿，碧绿的青草散发着迷人的幽香，各种动物尽情地奔跑着、跳跃着，一切都显得那么生机勃勃。

草丛中，一头刚学会捕猎的小猎豹静卧在那儿，蓄势待发，等待着猎物的出现。

在不远处，一只雄壮的羚羊出现了，身后跟着一只小羚羊，显然是父女俩，它们悠然自得地咀嚼着鲜嫩的青草，但却全然不知，死神正在悄悄地接近着它们。

小猎豹悄无声息地向它们靠近，眼中闪着凶狠的光。渐渐地，时机成熟，猎豹突然如离弦之箭，猛然蹿出了草丛。突如其来的惊吓令小羚羊手足无措，立即张开四蹄，往远处逃去。小羚羊哪是小猎豹的对手，雄羚羊见状，为了引开猎豹，一声长嘶之后，义无反顾地向反方向飞奔而去。小猎豹毫不犹豫地把目标对准了大羚羊，它不甘心眼看到手的晚餐从嘴边逃走。一场生与死的激烈追逐开始了。

小猎豹的冲刺速度是惊人的，在即将追上目标的一刹那，它像弯弓似的一跃，手术刀般的利爪无情地刺入了羚羊的背部，顿时鲜血如注。羚羊并未因此而屈服，它"嗷嗷"地发出痛苦的哀号，用尽全身的力气挣扎着、跳跃着，任凭小猎豹的利爪撕扯着自己的肉体。小猎豹不适应持久的战斗，渐渐地，小猎豹失去了耐心，就在这一瞬间，羚羊突然转过身来，用头上的犄角不顾一切地刺向小猎豹，随之而来的是一声撕心裂肺的嚎叫，尖利的犄角以迅雷不及掩耳的速度扎入了小猎豹的左眼。小猎豹彻底放弃了这场战斗，跌倒在草地上。

羚羊拖着血肉模糊的身躯向远方跑去。夜幕渐渐降临，父亲找到了自己的孩子，用奄奄一息的声音将刚才的一切都告诉了小羚羊，最后说道："孩子，当你长大后，也会遇到这样的情况，它们可以放弃追逐，而你却决不能放弃逃跑。因为对于它们而言，这只不过是一顿晚餐，但是对于你而言，这却是生

与死的一刹那。绝不能轻易放弃生命!"这是父亲留给小羚羊的最后一句话,说完,雄羚倒在了草地上,永远地告别了这个世界。

感悟

在动物的世界里,弱肉强食是很自然的生存法则,为了生存,强者必须要捕食弱者,弱者则必须要躲避强者。那么,在人的世界里呢?从某种意义上说,也是如此。无论是在动物世界里,还是在人的世界里,求生都是一种本能。无论在任何时候,都绝不能轻易放弃生命,这是对生命的尊重。

要想永远保住饭碗,就要不断开拓进取

托马斯12岁那年,瞒了真实年龄,在一家药房的冷饮柜当了售货员。待经理得知托马斯还不到16岁时,当即将他解雇了。因为店里使用童工,是不合法的。托马斯的养父知道后,气得脸色发青,怒斥道:"你永远也保不住你的饭碗!"

这段遭遇每每在托马斯的脑海中闪现,并激励他卖力干活谋生。

在他35岁时,托马斯已经完全在社会上站稳了脚,在事业上颇有成就,成为一个百万富翁。他从事的是饭店餐饮业,从社会大众口中赚取自己应得的利润。

1969年,托马斯开办了自己的第一家"闻滴老式汉堡包餐馆"。他选用新鲜的牛肉,每天做出新鲜的牛肉饼,出售时直接从炉子里拿出热腾腾、香喷喷的汉堡包。当时其他餐馆都是把事先烤熟的汉堡包涂上芥末和番茄沙司,包在纸里置于热灯下烘着保温。因此,托马斯的汉堡包特别受人欢迎。光顾托马斯餐馆的顾客们还可以根据自己的爱好选择各种调味品,并选购这里独有的专门为孩子们制作的汉堡包。

新的经营方式和食品特色吸引了越来越多的顾客。深受社会欢迎的"闻滴老式汉堡包餐馆"适时应势,如雨后春笋般地到处出现。据统计,其迅猛的势头令相当多的同行业者侧目而视;平均不到3天,托马斯就增开一家新餐馆。很快,托马斯的餐馆遍布美国,走向海外。8年后他拥有了1000家餐馆;而发展并没有停滞,又过了3年,托马斯兴高采烈地为他的第2000家餐馆剪了彩。

感 悟

事业由开创到发展,再到稳定,都是一个"动"的过程。即便在相对稳定的阶段,也需要发展来稳定。在事业有成之时,仍不忘开拓进取,是成功的关键。即便事业发展壮大了,要想永远保住饭碗,就得为自己多创造机会,就要不断开拓进取。

改变自己会痛苦,但不改变自己会吃苦

法国19世纪大哲学家伏尔泰是位性格倔强的人,他时常对世人进行一些辛辣的讥讽。但他讥讽嘲弄人的性格习惯连自己也不能摆脱束缚。这种习惯久而久之,往往会激怒一些人。

1717年,伏尔泰因为讥讽摄政王奥尔良公爵,被囚禁在巴士底监狱达11个月之久。

出狱后,吃够了苦头的哲学家终于知道此人是他冒犯不得的,便想改变一下自己,上门去感谢他的宽宏大量和不计前嫌。这对于伏尔泰这个年轻气盛的人来讲,真是太不容易了。

摄政王当然也深知伏尔泰的影响力,也想借此机会和他好好沟通一番,以便化干戈为玉帛。于是,俩人在极为友好的气氛中,讲了许多恰到好处的抱歉和溢美之词。按理说,至此也算把事情处理圆满了,从此以后俩人相安无事,井水不犯河水,也就皆大欢喜了。

可是,在最后的时刻,伏尔泰站起身来再一次表示感谢说:"公爵,有一件事我还要感谢你一下,那就是您太助人为乐了,为我免费解决了那么长的食宿问题。"

奥尔良公爵听得一愣:"好好的你怎么又提这些不愉快的

事了?"他很是不解。

"在我向您表示再次感谢的同时,请您不必在这件事上为我操心了。"伏尔泰接着说。

奥尔良公爵怔在当场,哭笑不得。

事后,有人问伏尔泰:"按理说你俩已经前嫌尽释了,您怎么又画蛇添足呢?"

"你这样问我,我又去问谁呢?改变自己真是太痛苦了。"伏尔泰愤愤地说。

感 悟

一个人的性格和习惯是很难改变的,如果想改变,那肯定是件很痛苦的事。虽然是这样,但在很多时候,我们必须要改变自己,虽然会很痛苦,但若不改变自己肯定会吃苦。

在苦难面前自强不息,一定可以赢得成功和幸福

在他8岁那年,曾意外遭遇一场爆炸事故,致使双腿严重受伤,而且腿上没有一块完整的肌肤。医生曾断言他此生再也无法行走。然而,他并没有哭泣,而是大声宣誓:"我一定要站起来!"

他在床上躺了两个月之后,便尝试着下床了。他总是瞒着父母,拄着父亲为他做的那两根小拐杖在房间里挪动。钻心的疼痛把他一次次击倒,他跌得遍体鳞伤,却毫不在乎,因为他坚信自己一定可以重新站起来,重新走路奔跑。几个月后,他的两条伤腿可以慢慢屈伸了。他在心底默默为自己欢呼:"我站起来了!我站起来了!"

他又想起了离家两英里的一个湖泊。他喜欢那儿的蓝天碧水和那儿的小伙伴。他一心想去湖泊,于是,他更加顽强地锻炼着自己。两年后,他凭借自己的坚韧和毅力,走到了湖边。从此,他又开始练习跑步,他把农场上的牛马作为追逐对象,数年如一日,寒暑不放弃。后来,他的双腿就这样"奇迹"般地强壮了起来。再后来，他通过不断的挑战，成了美国历史上有名的长跑运动员。

他就是美国体育运动史上伟大的长跑选手——格连·康宁罕。

在我们身边也有一些普通的人，他们虽然不像格连·康宁罕那样有名，但却一样用辛酸的汗水与泪水谱写着自己精彩的一生。

她从娘胎里出来，就无手无脚，手脚的末端只是圆秃秃的肉球。8岁时，有了思想的她就想到了死。但可悲的是，她无法找到死的方法：用头撞墙，因为没有四肢支撑，在碰得几个血泡、摔得一脸模糊后还是安然活着；绝食，又遭到母亲怒骂："8年了，我千辛万苦拉扯你8年了……"看着母亲辛酸的眼泪。她毅然决定要像常人一样活下去！

她开始训练拿筷子。她先用一只手臂放在桌边，再用另一只手臂从桌面上将筷子滑过去，然后，两个肉球合在一起。她从用一根筷子开始，再到用两根筷子，日复一日，血痕复血痕，9岁那年，她终于吃到了自己用筷子夹起的第一口饭。

学会拿筷子后，她又开始学走路。她将腿直立于地面，努力保持身体的平衡，和地面接触的部位从血痕到血泡，从血泡到厚茧，摔倒了再爬起来，爬起来又摔倒了，血水夹汗水，汗水夹泪水。10岁那年，她学会了走路。

也就在这年，她有了读书的念头。在父母及老师的帮助下，她成了村上小学的一名编外生。于是，她用胶皮缠在腿上，不论寒暑和风雨，总是早早到校。她用手臂的末端夹笔写字，付出比常人多数十倍的努力，从小学到初中，再到自学财务大专。

1988年，云南省的一家工厂破格录用她为会计。后来，她为了回报父母的养育之恩，返回父母身边。回家后，她自谋出路贩卖水果。再后来，她不仅成了远近闻名的孝女，而且"贩回"一个高大健康的丈夫，膝下有一对活泼可爱的儿女，一家人温馨、甜蜜，其乐融融。

她的名字叫胡春香。

感 悟

人的一生难免会遭受很多的苦难，无论是与生俱来的残缺，还是惨遭生活的不幸，但只要敢于面对苦难，自强不息，就一定会赢得掌声、赢得成功、赢得幸福。

无论何时，都要发挥自己的强项

在美国有一个名叫克利的青年，他本是一个非常快乐的人，拥有一个幸福的家庭。可是在一次车祸中他不幸弄断了一条腿，被工厂老板炒了"鱿鱼"，只好在家闲着。克利感到非常沮丧，对生活失去了信心，认为自己是一个废人了，一生都可能拖累别人。所以他提出和妻子离婚。

妻子不同意离婚，并鼓励他说，你的腿没了，但你还有手，你可以靠自己的双手来养活自己，你应该找一个适合自己干的工作。

一次，他的儿子拿来一辆弄坏的电动遥控车让他修理，克利曾经做过电工，这点小事难不倒他，他很快就把遥控车修好了。儿子十分高兴，说："爸爸，你真行！以后我的玩具坏了都让你修理。"

儿子的话提醒了克利，他想，现在的玩具越来越高级，大都是电动玩具或声、光、电的遥控玩具，价钱很贵，但这些高级玩具都经不住摔打，小孩玩不了几天就出故障。当时还没有修理玩具的店，自己何不试一试呢。于是，他便买来一些玩具，天天对着这些玩具来研究它们经常出现的毛病，然后再寻找办法来修理。他还经常看一些关于玩具的书。不久，他就能修理一些高级的玩具了。

于是，他就开了一家玩具修理店，还起了一个新奇的名字：克利玩具急诊所。

开业的第一天，就来了一大批小顾客，克利凭着娴熟的手艺，很快就将这些小"病号"修理好了。于是，这批小顾客便成了

"小广告",四处宣扬。"克利玩具急诊所"的名声不胫而走,满城皆知。顾客一批接着一批来,不到一年的工夫,克利已使1000多个玩具死而复生,这些"病号"包括小到拳头大的电动猴子,大到电动摩托,还有游戏机、卡拉OK机等。

修理费视玩具的大小贵贱而定,每天收入还不少,克利也在修理过程中积累了丰富的经验。这样,克利不仅养活了自己,而且还积累了一笔财富。

感悟

我们每个人都有自己的强项。在一帆风顺的时候,我们是在发挥自己的强项;在遇到困难的时候,我们更要发挥自己的强项,从强项上摆脱困境。

写下自己今天尚未完成,但明天一定得做的事

玫琳凯·艾施在创办玫琳凯化妆品公司初期,听到一则有关查尔斯·施瓦布(美国一家数一数二的钢铁公司总裁)的故事,这个故事对她影响很大。

故事大概是这样的:

一名企业管理顾问艾·维·李对施瓦布说:"我可以教你如何提高公司的效率。"

施瓦布问:"费用是多少?"

李说:"如果无效的话,免费;但如果有效,希望你能拨出公司因此省下的费用的1%给我。"施瓦布同意说:"很公平。"接着施瓦布问李要怎么做。

"我需要与每一位高级主管面对面谈10分钟。"

施瓦布答应了。

李开始与所有高级主管会面,他告诉每一位主管:"在下班离开办公室前,请写下6件你今天尚未完成,但明天一定得做的事。"

主管们都同意这个主意,并在开始实行这个计划后,他们发现自己比以前更专心了,因为有了这张表,他们会努力完成

表上的事情。不久之后,公司的生产力有了显著的改善。

几个月后,因为效果惊人,施瓦布开了张3.5万美元的支票给李。

玫琳凯说:"当我听到这个故事后心想,如果这个方法对施瓦布而言值3.5万美元,对我也会有同样的价值。"

因此,她开始在每天下班前写下6件明天要做的重要事情,而且也鼓励业务员这么做。后来的玫琳凯化妆品公司拥有20多万业务员,印制了上百万份的粉红色小便条本,每一张便条纸上写的都是:"我明天必须做的6件重要事项。"

感 悟

做好计划,是提高工作效率的最有效的方法之一。写下自己今天尚未完成,但明天一定得做的事,是做好计划最好的方法。运用这种方法,就能有条不紊地按计划完成工作,提高工作效率。

不要等到死亡来临时,才想起应去做的事

林夕有一个做证券生意的朋友,每天都要满世界跑,很难见他一面。他们通常的联络方式就是打一个电话。

一天晚上,这个朋友给他打来电话,他们天南地北地聊起天来。

朋友突然问林夕:"如果要让你花1元钱,可以买到你哪一天会死的信息,你买不买呢?"

林夕想了想,摇摇头说:"我不买。"

朋友问道:"为什么?"

林夕答:"人生最大的痛苦莫过于知道自己哪天死,等待着那一天的来临。我认为,最好的死亡方式是:让死亡突然间来临,人们还来不及思考什么时,生命突然就终止。"

朋友沉默片刻,电话那端却有不同的意思,他轻声说:"可是,我买。"

林夕好奇地问:"为什么?"

朋友回答："如果死亡真的突然来临了，还有许多想做的事和最喜欢做的事，我不想把它带进坟墓里去。不过，我也不需要知道得太早，提前10天让我知道就行。"

林夕问道："你想用这10天来做些什么事情呢？"

朋友答道："5天的时间给我的家人，好好陪他们，整天忙着谈判、签合同，一年难得回家几次。我觉得很欠妻子和女儿的。我经常答应她们等公司业务发展好了，陪她们去欧洲度假，可公司的业务一直在发展，结果一拖再拖，始终这个许诺未能实现；5天的时间给我自己，做一些自己最喜欢做的事情。比如和我爱的人在一起，开着车去向往已久的大森林。"这时朋友的声音有些轻颤。

林夕笑了笑，说："这并不是什么难的事呀，你为什么不现在挤出一点时间就去做呢？"

朋友叹了口气："现在真的很忙，没有时间啊！"这时朋友的话语有些停顿，同时又加了一句："我也许不应该等那最后的10天来临再去做那些事了。"

电话的另一端沉默了。

感 悟

我们似乎每天都很忙，在忙些什么呢？或许我们自己都说不清。总有一些事积压在我们心头，等着我们去做，这些事对我们来说是重要的，但只是因为忙而没有去做。不要等到死亡来临时，才想起应去做的事。如果珍惜生命和生活的话，有些事现在就应该去做。

斩断自己的退路，才能更好地赢得出路

有一位中国留学生，刚到澳大利亚的时候，为了寻找一份能够糊口的工作，他骑着一辆自行车沿着环澳公路走了数日。替人放羊、割草、收庄稼、洗碗……只要给一口饭吃，他就会暂且停下疲惫的脚步。

一天，在一家餐馆打工的他，看见报纸上刊出了电讯公司

的招聘启事,他就选择了线路监控员的职位去应聘。过五关斩六将,眼看他就要得到那年薪3.5万澳元的职位了,不想招聘主管却出人意料地问他:"你有车吗?你会开车吗?我们这份工作要时常外出,没有车寸步难行。"

澳大利亚公民普遍拥有私家车,无车者寥寥无几,可这位留学生初来乍到还属无车族。为了争取这个极具诱惑力的工作,他不假思索地回答:"有!会!……"

"4天后,开着你的车来上班。"主管说。

4天之内要买车、学车谈何容易,但为了生存,这位留学生只好孤注一掷。

他在华人朋友那里借了500澳元,从旧车市场买了一辆外表丑陋的"甲壳虫"。

他开始学开车了,第一天他跟华人朋友学简单的驾驶技术;第二天在朋友屋后的那块大草坪上摸索练习;第三天歪歪斜斜地开着车上了公路;第四天他居然驾车去公司报到了。

想知道后来怎么样了吗?后来,他成了这家电讯公司的一名业务主管。

感 悟

在很多时候,我们都需要一种斩断自己退路的勇气。因为如果身后有退路,我们就会心存侥幸和安逸,前行的脚步也会放慢;如果身后无退路,我们就会集中全部精力,勇往直前,为自己赢得出路。

刻意去模仿别人,结果只会迷失自己

很久以前,在一望无际的原野上生活着一群牛。它们的性情极其温顺善良,都和睦地相互关照着,并一起寻找繁茂丰美的地方,逐水草而居。

每到一处,它们都会选择柔软细嫩的青草进食,饮用清凉甘美的泉水解渴。它们洁身自好,悠然自得地生活在蓝天白云之下的青草中、碧水边。于是牛群越来越兴旺。

有一头驴看着这群幸福生活在一起的牛群，非常羡慕。很久以来，它一直渴望能像牛那样悠然沉稳地咀嚼柔嫩的青草、慢条斯理地啜饮甘美的泉水、自由自在地安静生活。于是，驴子下定决心仿效牛的生活方式。

一天，驴子跟着牛群迁徙到了一处水草肥美、风和日丽的地方。驴子混夹在牛群中间，左顾右盼，前跑后颠，众牛也都很礼貌地对它表示谦让。于是驴子心中便得意起来，趾高气扬地跟在牛屁股后面，俨然成了牛族中的一员。

但是，驴子就是驴子，无论如何也改变不了驴子的本性，变成一头牛。它根本不可能像牛那样安详沉静地吃草，总是禁不住用蹄子前刨后挠，把青草踏烂，把泥土翻起来，好端端的草地一会儿就被它践踏得不成样子；然后，它又极不安分地跑到水中去饮水，将干净的泉水搅得成了泥汤；接着，驴子又模仿牛的吼叫。可是，不管它怎样玩命地叫"我是牛，我也是牛"，却依然改变不了驴子那世人皆知的难听声音。

最后，这群温良谦让的牛也无法忍受这头驴子拙劣的表演，感觉到它破坏了自己的生活秩序。于是，牛群群起而攻之，用角抵触这头可恶愚蠢的驴子。不消几下，这头蠢驴便瘫在了烂泥地上，奄奄一息了。

牛群将驴子丢弃在旷野上，迈着坚实的步伐，浩浩荡荡地继续寻找新的水草肥美之地。

感 悟

无论在什么时候，我们都没有必要去刻意模仿别人来改变自己。东施效颦，结果只会迷失自己。所以，我们要好好地爱自己，好好地做真实的自己。

无论做什么工作，都要有一种敬业精神

弗雷德虽然是一名普通的邮差，但他的事迹却闻名世界。

弗雷德负责为小区的住户收、送邮件。他听说小区里有一位职业演说家，叫桑布恩先生。桑布恩一年有大部分时间在外

出差，于是他向桑布恩索要了一份全年行程表。

桑布恩很奇怪，问："您有什么用？"

他回答说："以便您不在家时，我暂时代为保管您的信件，等您回来再送过来。"

这让桑布恩很吃惊，因为他从未碰到过这样的邮差。

桑布恩回答道："没必要这么麻烦，把信放进信筒就好了，我回来再取也是一样的。"

弗雷德解释说："窃贼经常会窥探住户的邮箱，如果发现是满的，就表明主人不在家，那住户就有可能受到伤害了。"

弗雷德想了想，又接着说："这样吧，只要邮箱的盖子还能盖上，我就把信放到里面。塞不进邮箱的邮件，则搁在房门和屏栅门之间。如果那里也放满了，我把其他的信留着，等您回来。"弗雷德的建议无可挑剔，桑布恩欣然同意了。

两周后，桑布恩出差回来，发现门口的擦鞋垫跑到门廊的角落里，下面还遮着个什么东西。原来事情是这样的：在桑布恩出差期间，美国联合递送公司把他的包裹投到别人家了。弗雷德看到桑布恩的包裹送错了地方，就把它捡起来，送回桑布恩的住处藏好，还在上面留了张纸条，解释事情的来龙去脉，并费心地用擦鞋垫把它遮住，以避人耳目。

不同的邮政公司之间竞争市场份额，比的就是服务，而因为有一批弗雷德式的职业化员工，他们所提供的人性化服务，创造了无形价值，使美国联合递送公司在众多竞争对手中脱颖而出。

弗雷德是职业化的典范，他身上体现了真正的敬业精神，他真正做到了"以此为生，精于此道"。如果我们能做到这一点，我们也会成为一名"弗雷德"。

感悟

当今时代是一个注重敬业的时代。无论做什么工作，都要有一种敬业精神。敬业是一种习惯，尽管一开始并不能为你带来可观的收益，但可以肯定的是，那些缺乏敬业精神的人是无法取得真正的成就的。

认清自己的劣势，把劣势转化成优势

一位神父要找3个小男孩，帮助自己完成主教分配的1000本《圣经》销售任务。

神父觉得自己只能完成300本的销售量，于是他决定找几个能干的小男孩卖掉剩下的700本《圣经》。神父对于"能干"是这样理解的：口齿伶俐，小男孩必须言辞美妙，让人们欣喜地做出购买《圣经》的决定。

于是按照这样的标准，神父找到了两个小男孩，这两个男孩都认为自己可以轻松卖掉300本《圣经》。可即使这样，还有100本没有着落。为了完成主教分配的任务，神父降低了标准，于是第三个小男孩找到了，给他的任务是尽量卖掉100本《圣经》，因为第三个男孩口吃很厉害。

5天过去了，那两个小男孩回来了，并且告诉神父情况很糟糕，他们总共只卖了200本。神父觉得不可思议，为什么两个人只卖掉了200本《圣经》呢？正在发愁的时候，那个口吃的小男孩也回来了，他没有剩下一本《圣经》，而且带来了一个令神父激动不已的消息，他的一个顾客愿意买他剩下的所有《圣经》。这意味着神父将卖掉超过1000本《圣经》，神父将更受主教青睐。

神父彻底迷惑了。被自己看好的两个小男孩让自己失望，而当初根本不当回事的小结巴却成了自己的福星，神父决定问问他。

神父问小男孩："你讲话都结结巴巴的，怎么会这么顺利就卖掉我所有的《圣经》呢？"

小男孩答道："我……跟……见到的……所有……人……说，如……果不……买，我就……念《圣经》给他们……听。"

感 悟

在某种特定的情形下，劣势和优势是可以互相转化的。所以，有时候劣势不一定是件坏事，如果引导的好，就会把劣势转化为优势，而这种转化来的优势更有助于成功。

一个人被别人需要，生存才显得有意义

在一家医院的同一间病房里，住着两位相同的绝症患者，不同的是，一个来自乡下农村，一个就生活在医院所在的城市。

生活在医院所在城市的病人，每天都有亲朋好友和同事前来探望。家人来时宽慰说："家里你就放心吧，还有我们呢，你就安心养病吧。"朋友探望时劝慰说："现在你什么也别想，就一门心思养病就行。"单位来人时开导说："你放心，单位上的事，我们都替你安排好了，你现在的工作就是养病……"

来自乡下农村的患者，只有一位十二三岁的小男孩守护着。他的妻子十天半月才能来一次，或送钱，或送些衣物。妻子每次来，总是不停地说这说那，要丈夫为家里的事情拿主意：快要浸种了，今年是种"六四"还是"四八"？再过两天，他大伯就要嫁女了，你说送多少贺礼啊？小芳说要跟她表姐去"出门"，我还没答应，这事要你拿主意……

几个月后，情况发生了戏剧性的变化。

生活在医院所在城市的那位病人，在亲人、朋友、同事一声声"你放心吧""你就安心养病吧"的宽慰声里，意识中感觉他们已不需要自己，自己也就失去了活着的价值和意义，渐渐地失去了战胜病魔的信心和勇气，于是在孤独寂寞与病魔的吞噬中离开了人世。

来自乡下农村的患者，在妻子大事小事都要自己定夺、拿主意中，意识中感觉家人对自己的不可缺少，自己对家人的重要，意识到自己必须活着，哪怕仅仅是给家人拿些主意，于是一种强烈的求生欲望使他奇迹般地活了下来。

感悟

被别人需要是人的一种天性，也能体现出一个人的价值。在某些特定的情况下，一个人如果不被别人需要，生存也就失去了意义。所以，你不妨告诉你的亲人和朋友：我需要你们。

只有活在希望中，才会看到光明

从前，有一老一小两个相依为命的盲人，每日都靠弹琴卖艺维持生活。一天，老盲人终于支撑不住病倒了。他自知不久将离开人世，便把小盲人叫到床头，紧紧拉着小盲人的手，吃力地说："孩子，我这里有个秘方，这个秘方可以使你重见光明。我把它藏在琴里面了，但你千万记住，你必须在弹断第一千根琴弦的时候才能把它取出来，否则，你是不会看见光明的。"小盲人流着眼泪答应了师父。老盲人含笑离去。

一天又一天，一年又一年，小盲人将师父的遗嘱铭记在心，不停地弹啊弹，将一根根弹断的琴弦收藏着。当他弹断第一千根琴弦的时候，当年那个弱不禁风的小盲人已到垂暮之年，变成一位饱经沧桑的老者。他按捺不住内心的喜悦，双手颤抖着，慢慢地打开琴盒，取出秘方。

然而，别人告诉他，那只是一张白纸，上面什么都没有。泪水滴落在纸上，他笑了。

很显然，老盲人当年骗了他。但这位过去的小盲人如今已是老盲人了，当他拿着那张什么都没有的白纸，为什么反倒笑了？因为就在他拿出"秘方"的那一瞬间，突然明白了师父的用心。虽然是一张白纸，但是他从小到老弹断一千根琴弦后，却悟到了这无字秘方的真谛——在希望中活着，才会看到光明。

感 悟

很多人抱怨生活中缺少光明，这是因为缺少希望的缘故。无论在多么艰难的困境中，只要活在希望中，就会看到光明，这光明也将会伴随我们的一生。

拥有一技之长，是最好的生存方法

张枫霞曾讲过这样一个故事，故事里的王木匠是她的外公。

一提起疙瘩村的王木匠，没有谁不竖大拇指的，他的手艺远近闻名。

王木匠的手艺是祖传的。谁家里有儿女到谈婚论嫁年龄的，就早早买好木料排在他的院里，怕到时候轮不上给新人做家具；村里聪明伶俐的男孩都设法接近他，希望能跟着他学个一技之长，其实这是枉然。王木匠有4个儿子，他早就想从他的4个儿子中选一个接班人，使他的祖传手艺继续传下去。

王木匠的4个儿子中，数老四最聪明，也数老四文化最高——他是县高中毕业的。但是，老四就是不愿做木匠，他说一听到锯子与木头的摩擦声，浑身就起鸡皮疙瘩，让他做木匠，还不如杀掉他。那年暑假，老四和王木匠大吵一架之后，老四背着行李卷去了深圳，气得王木匠3天没吃好饭。

老四一走就是3年，3年里只写过3封家信。第一封信是第一年春节写的，他说深圳到处都是机会，只要运气好，干一年顶做木匠10年。王木匠一句话没说，把饭碗一搁，带着孙子买爆竹去了；第二封信是第二年春节写来的，他说那边机会虽多，但没有一个是留给乡下人的，他依然替人打工，比做木匠辛苦多了。王木匠还是一句话没说，就着老婆炒的小菜和3个儿子喝得一塌糊涂。第三封信当然是第三个春节写来的，王木匠看完信后只说了一句话："打电话叫老四回来。"10天后，老四真的回来了，他是瘸着一条腿回来的。

老四回来后，王木匠既不问他外边的事，也不支使他干活，老四就天天吃了睡，睡了吃。再懒的人也搁不住没事干，何况老四本就不是个懒人。一段日子之后，他就主动往王木匠跟前凑，进而四下找零活做。王木匠说："你在这儿碍手碍脚，倒不如去把院子里那堆废料卖掉。"老四高高兴兴地装了一拖拉机，拉到集市上卖了100元钱；几天之后，王木匠又让他去把做好的几件柜子卖掉，这次老四卖了1000元钱；又过了几天，王木匠又让他去卖一组屏风，这次老四卖了10000元。老四给王木匠钱时，有一种抑制不住的兴奋。王木匠说："同样是一堆木头，当劈柴，它值100元；做成柜子，它值1000元；再做成屏风，它就值10000元。最值钱的是什么？是手艺。"

王木匠说这些话时，一直没有停下手中的活计，甚至连眼皮也没抬。而老四却一下子明白了，并开始踏踏实实地跟王木匠学起了木匠手艺。

后来，人们都知道疙瘩村有个瘸子木匠，木匠的手艺是祖传的，远近闻名。

感 悟

生活中有很多创造财富的方式，但不是每一种方式都适合自己，也不是每一种方式都能让自己创造出很多的财富。但可以肯定的是，拥有一技之长是最好的生存方法，凭借自己的手艺，就一定能够成就自己。

诚实地按规则办事，否则生存会成问题

有一个在日本的某国留学生，为了赚取学费在课余时间在日本餐馆洗盘子。

日本的餐饮业有一个不成文的行规，即餐馆的盘子必须用水洗上7遍。由于洗盘子的工作是按件计酬的，这位留学生一天累下来，也挣不了多少工钱。于是他计上心头，以后洗盘子时便少洗两遍。果然，劳动效率大大提高，他因此受到老板的器重，工钱自然也迅速增加。

一起洗盘子赚学费的日本学生向他请教技巧。他毫不隐讳地说："你看，洗了7遍的盘子和洗了5遍的有什么区别吗？少洗两次嘛。"日本学生诺诺，却渐渐疏远了他。

日本人看人，有两个预先推定：一个，你是无罪的；另一个，你是诚实的。所以，餐馆老板只是偶尔抽查一下盘子清洗的情况。

在一次抽查中，老板用专用的试纸测出盘子清洗程度不够，老板责问这位留学生，而他却振振有词："洗5遍和洗7遍不是一样保持了盘子的清洁吗？"老板只是淡淡地说："你是一个不诚实的人，请你离开。"

这位留学生走到大街上，愤愤不平，但为了生计，他又到该社区的另一家餐馆应聘洗盘子。这位老板打量了他半天，才说：

"你就是那位只洗5遍盘子的留学生吧。对不起，我们不需要！"第二家、第三家……他屡屡碰壁。

不仅如此，他的房东不久也要求他退房，原因是他的"名声"对其他住户（多是留学生）的工作产生了不良影响。

连他就读的学校也专门找他谈话，希望他能转到其他学校去，因为他影响了学校的生源……万般无奈，他只好收拾行李搬到了另一座城市，一切重新开始。

他痛心疾首地告诫准备到日本留学的外国学生："在日本洗盘子，一定要洗7遍呀！"

感 悟

生活中很多的规则，我们要自觉地遵守，按规则去办事。这不仅是一个人诚实的表现，而且也是一个人在为人处事中获得成功的关键。因为一个丢失了诚信的人，必定会处处碰壁，生存也会成为一个严峻的问题。

只顾自己的利益，反而会失去利益

朱志成和朋友阿广同时去一家公司应聘人事经理的职位，公司老总见他们各方面条件都旗鼓相当，一时难以取舍，于是决定将他俩一起留下来试用3天，然后再从中录用一个。

试用第一天，老总就下达了任务，让他们同时到人才市场设点，招聘一名人事主管，谁先完成任务就录用谁。

招聘那天，朱志成面试考核了许多前来应聘的求职者，但这些人要么学历太低，要么有学历无能力。抱着宁缺毋滥的心态，他一个也没录用，无功而返。阿广则很快就录用了一个。令朱志成吃惊的是，被录用者竟是他淘汰过的，没想到这个人在阿广的招聘点获得了成功。

他大感不解，便问阿广为什么会录用这样的平庸之材？阿广高深莫测地笑了笑，道出一番惊人之语："如果招用的人比我强，虽然对公司有好处，但对我而言则是一个威胁，因为他时时都有取代甚至超越我的可能；但若录用一个比我差的人，我就可以稳坐现职位而无后顾之忧了……"

听了阿广的一番话，朱志成暗暗惊叹他的精明，心想这个职位已非他莫属了。

回到公司，阿广将他招来的人介绍给了老总。朱志成则抱歉地告诉老总，因为没有合适人选，所以只好空手而归。

然而出人意料的是，老总当众宣布朱志成被录取了！阿广和他招聘的那个"庸才"则被舍弃了。

入职那天，老总和朱志成谈了一番话。最后，老总在他面前放了一个特制的布娃娃，说："请你将它打开。"他疑惑地打开布娃娃，发现里面还有一个小布娃娃，打开小的，里面还有一个更小的，如此下去，在最小的布娃娃肚里放着老总的亲笔字条："作为人事经理，如果你老是招聘比你差的职员，那么公司就会像这布娃娃一样越来越小，最后成了'侏儒'企业；如果你能录用比你强的人，我们的公司才能迅速发展壮大……"

疑惑揭开了，朱志成终于明白了"精明"的阿广为什么会落选。

正确的利益观使朱志成获取了老总的信任，最终获得了人事经理这个职位。

感 悟

我们每个人都应该树立正确的利益观。在遇事时，要顾全大局，个人利益要服从集体利益。从自身利益出发去处理问题，这样不但得不到利益，反而会失去利益。

不聪明没有关系，只要每天进步一点点

有个孩子对一个问题一直想不通：为什么他的同桌想考第一就能考第一，而自己想考第一却考了全班第二十一名？

回家后他问妈妈："妈妈，我是不是比别人笨？我觉得我和他一样听老师的话，一样认真地做作业，可是，为什么我总比他落后？"

妈妈听了儿子的话，感觉到儿子开始有自尊心了，而这种自尊心正在被学校的排名伤害着。她望着儿子，没有回答，因为她不知该怎样回答。

又一次考试后，孩子考了第十七名，而他的同桌还是第一名。回家后，儿子又问了同样的问题。她真想说，人的智力确实有区别，考第一的人，脑子就是比一般人的灵。然而，这样的回答难道是孩子真想知道的答案吗？她没说出口。

应该怎样回答儿子的问题呢？有几次，她真想重复那几句被上万个父母重复了上万次的话——你太贪玩了；你在学习上还不够勤奋；和别人比起来还不够努力……以此来搪塞儿子。然而，像她儿子这样脑袋不够聪明，在班上成绩不甚突出的孩子，平时活得还不够辛苦吗？所以她没有那么做，她想为儿子的问题找到一个完美答案。

儿子小学毕业了，虽然他比过去更加刻苦，但依然没赶上他的同桌，不过与过去相比，他的成绩一直在提高。为了对儿子的进步表示赞赏，她带他去看了一次大海。就是在这次旅行中，母亲回答了儿子的问题。

他们坐在沙滩上，她指着前面对他说："你看那些在海边争食的鸟儿，当海浪打来的时候，小灰雀总能迅速地起飞，它们拍打两三下翅膀就升入了天空；而海鸥总显得非常笨拙，它们从沙滩飞入天空总要很长时间，然而，真正能飞越大海横过大洋的还是它们。"

后来，他以全校第一名的成绩考入了清华大学。

寒假归来时，母校请他给同学及家长们作一个报告。他讲了小时候的这段经历。这个报告使很多母亲流下了眼泪，其中包括他自己的母亲。

感 悟

勤能补拙是良训，一份辛劳一份才。是的，不聪明没有关系，只要勤奋就可以补拙。只要勤奋，每天进步一点点，总有一天会成为飞过大海横过大洋的海鸥。

不靠天不靠地，自己的事自己干

县民政局下乡扶贫，李新刚随行采访。他经历了一次让他永远不能忘怀，永远感动的事。

那天，他们来到全县最贫困的一个乡的一个小村，村长领他们来到村中一位老太太家。据村长介绍，这位老太太70多岁了，原来有两个儿子，大儿子在战斗中牺牲了，小儿子有痴呆症，和一个比他更痴呆的女人结了婚，生下了同样痴呆的一儿一女。全家的生活就靠老太太维持着。

来到她家，大家都惊异了。她家有3个窑洞，一个是住房，一个是灶房，另一个养着猪羊，院子打扫得清清爽爽，洁净的地面上连一片落叶也不曾见到。村长说老太太这人爱干净，一辈子都是这样。今天她的儿孙们都在，他们虽然穿着破旧，可洗得干干净净。老太太很刚强，以前多次拒绝救济。她说："我一家吃穿该由我自己挣，怎能靠政府养活？"

民政局长问："老妈妈，快过年了，过年的东西都备齐了吗？"老太太爽朗地答道："好了，都准备好了。"民政局长再问："都准备了什么呀？"老太太答道："现在还有两碗白面，又买了半斤肉，另外，还有3个鸡蛋，我也不卖了，都留着过年吃。还给小孙子一人买了一盒鞭炮，都准备好了。不劳政府操心了。大年三十夜我就能包肉饺子了。"

在场的人听了泪水都流了出来。

民政局长又说："我们代表政府送来一点钱粮，虽然不多也是政府的一点心意。"老太太摇摇头道："不用救济我了，我还过得下去。我家除了这些东西，还有一点钱。真的有钱，不用救济我。"民政局长坚持让她把钱拿出来让大家看看，她颤巍巍走到一大板柜前，打开柜子拿出一个包袱，从包袱里拿出一个钱袋。那钱袋被里三层外三层地包裹着，解开钱袋，随着一阵哗啦声，倒出来一小堆硬币，最后飘出几张一角两角的毛票，总共也就10元左右。老太太爽朗地说："你看，我有钱，不用政府救济。"

此时,一位女同事再也忍不住哭出了声,捂着脸跑了出去。

后来大家纷纷掏钱给老太太,老太太却说:"我常教育儿孙,不靠天不靠地,自己的事自己干,能助人时要助人……"

感 悟

在苦难面前,很多人会失去自尊,会被击垮,这些人成了苦难的奴隶;也有一些人依然保持着自己的尊严,不向苦难屈服,这些人把苦难当成了奴隶。相对而言,后者是令人敬佩的,因为这体现了人性的光辉和伟大。

要跑得快,还需跑得稳

作家高汉武曾写过这样一个故事。

毕业 20 周年之际,同学们组织了一场同学联谊会。同学之中,有的目前状况很好,有的很糟糕,有的几乎原地踏步。

在联谊会上,大家用专车接来了一直还住在乡间的班主任。老人已年过古稀,头发全白了,手脚都已不便。

同学们仿照原来教室的模样布置了聚会的场合,要求各位同学按 20 年前的座次坐好,并给老师布置了讲台,将老师请到讲台前。

轮到同学座谈了。大家在讲话中都先感谢老师的栽培,班主任听了也不说话,直到临近结束,他才站了起来,说:"今天我来收作业了,有谁还记得毕业前的最后一课吗?"

毕业前的最后一课是这样的。那是个晴天,班主任把大家带到操场上,说:"这是最后一课了。我布置这个作业,说易不易,说难不难。请大家绕这 500 米操场跑两圈,并记下跑的时间、速度以及感受。"说完便走了。

老师说话了:"我离开操场后,在教室走廊上观看了同学的完成情况。现在,20 年后的今天,我对作业讲评一下。跑完两圈的有 4 人,时间在 15 分 20 秒之内。1 人扭伤了脚,1 人因为太快摔了跤,有 15 人跑过 1 圈后觉得无趣,退出后在跑道外聊天,其余的嫌事小,没有起步。"

大家惊异于老师记得如此清楚，一下子看到了老师昔日的风采，纷纷鼓掌。

掌声落下来，老师继续说："我就这次作业，并结合本人70余年人生体验，送各位4句话：其一，成功只垂青有准备的人；其二，身边的小蘑菇不捡的人，捡不到大蘑菇；其三，跑得快，还需跑得稳；其四，有了起点并不意味就有了终点。你们现在都是36岁左右年纪，尚不是对老师说感谢的时候。请多说说自己人生的作业。"

教室里顿时鸦雀无声。

感 悟

人生就像一场长跑，跑得太快，容易后劲不足；跑得太慢，就会落伍；中途退出，就会断送以前的努力；不参加，就没有赢得比赛的机会。在这场长跑中，最佳的状态是：跑得快，还要跑得稳。

第九章

接受不幸不如接受挑战，相信命运不如相信自己

很多事实都证明：接受不幸、屈服于命运的人，最终会成为命运的奴隶；纵然遭遇不幸，却能积极地挑战不幸、不屈服于命运的人，一定能战胜不幸，获得成功。

当产生畏难情绪时,要强迫自己坚持下去

有一个叫戴维的年轻人很喜欢写作,朋友们都认为他很有才能,但不知道他为什么不能靠写作维持自己的生活。

年轻人认为,他必须先有了灵感才能开始写作,作家只有感到精力充沛、创造力旺盛时才能写出好的作品。为了写出优秀作品,他觉得自己必须"等待情绪来了"之后,才能坐在电脑前开始写作。如果他某天感到情绪不高,那就意味着他那天不能写作。

不言而喻,要具备这些理想的条件并不是有很多机会的,因此,他也就很难感到有多少好情绪使他得以成就任何事情,也很难感到有创作的欲望和灵感。这便使他的情绪更为不振,更难有"好情绪出现",因此也越发地写不出东西来。

通常,每当他想要写作的时候,他的脑子就变得一片空白。这种情况使他感到害怕。所以,为了避免瞪着空白纸页发呆,他就干脆离开电脑。他去收拾一下花园,把写作忘掉,心里马上就好受些。他也用其他办法来摆脱这种心境,比如去打扫卫生间,或去刮胡子。

但是,对于他来说,在盥洗间刮刮胡子或在花园里种种花,都无助于在白纸上写出文章来。

后来,他借鉴了某著名作家的一条经验。这条经验是:"对于'情绪'这种东西可不能心软。从一定意义上来说,写作本身也可以产生情绪。有时,我感到疲惫不堪,精神全无,连5分钟也坚持不住了;但我仍然强迫自己坚持写下去,而且不知不觉地在写作的过程中,情况完全变了样。"

他认识到,要完成一项工作,必须待在能够实现目标的地方才行。要想写作,就非在电脑前坐下来不可。

经过冷静的思考,他决定马上开始行动起来。他制订了一个计划:起床的闹钟定在每天早晨7点钟,到了8点钟便可以坐在电脑前。他的任务就是坐在那里,一直坐到他在纸上写出东西。如果写不出来,哪怕坐一整天,也在所不惜。他还定了

一个奖惩办法:早晨打完一页纸才能吃早饭。

第一天,他忧心忡忡,直到下午两点钟他才打完一页纸。第二天,戴维有了很大进步。坐在电脑前不到两小时,他就打完了一页纸,较早地吃上了早饭。第三天,他很快就打完了一页纸,接着又连续打了五页纸,才想起吃早饭的事情。

最后,他的作品终于完成了。后来,他成了一位小有名气的作家。

感 悟

有很多事情的确需要好的情绪才能做好,但有这种好情绪的时候往往并不多。这时候,就不要等待好情绪的出现,因为越等待拖延的时间就越长。最好的办法是:强迫自己坚持做下去。

接受不幸不如接受挑战,相信命运不如相信自己

威尔逊先生是一位成功的商业家,他从一个普普通通的事务所小职员做起,经过多年的奋斗,终于拥有了自己的公司、办公楼,并且受到了人们的尊敬。

这一天,威尔逊先生从他的办公楼走出来,刚走到街上,就听见身后传来"嗒嗒嗒"的声音,那是盲人用竹竿敲打地面发出的声响。威尔逊先生愣了一下,缓缓地转过身。

那盲人感觉到前面有人,连忙打起精神,上前说道:"尊敬的先生,您一定发现我是一个可怜的盲人,能不能占用您一点点时间呢?"

威尔逊先生说:"我要去会见一个重要的客户,你要说什么就快说吧。"

盲人在一个包里摸索了半天,掏出一个打火机,放到威尔逊先生手里,说:"先生,这个打火机只卖1美元,这可是最好的打火机啊。"

威尔逊先生听了,叹口气,把手伸进西服口袋,掏出一张钞票递给盲人:"我不抽烟,但我愿意帮助你。这个打火机,

也许我可以送给开电梯的小伙子。"

盲人用手摸了一下那张钞票，竟然是一百美元！他用颤抖的手反复抚摸这钱，嘴里连连感激着："您是我遇见过的最慷慨的先生！仁慈的富人啊，我为您祈祷！上帝保佑您！"

威尔逊先生笑了笑，正准备走，盲人拉住他，又喋喋不休地说："您不知道，我并不是一生下来就瞎的。都是23年前布尔顿的那次事故！太可怕了！"

威尔逊先生一震，问道："你是在那次化工厂爆炸中失明的吗？"

盲人仿佛遇见了知音，兴奋得连连点头："是啊是啊，您也知道？这也难怪，那次爆炸光炸死的人就有93个，伤的人有好几百，可是头条新闻啊！"

盲人想用自己的遭遇打动对方，争取得到一些钱，他可怜巴巴地说了下来："我真可怜啊！到处流浪，孤苦伶仃，吃了上顿没下顿，死了都没有人知道！"

他越说越激动："你不知道当时的情况，火一下子冒了出来！仿佛是从地狱中冒出来的！逃命的人群都挤在一起，我好不容易冲到门口，可一个大个子在我身后大喊：'让我先出去！我还年轻，我不想死！'他把我推倒了，踩着我的身体跑了出去！我失去了知觉，等我醒来，就成了盲人，命运真不公平啊！"

威尔逊先生冷冷地道："事实恐怕不是这样吧？"

盲人一惊，用空洞的眼睛呆呆地对着威尔逊先生。

威尔逊先生一字一顿地说："我当时也在布尔顿化工厂当工人，是你从我的身上踏过去的！你长得比我高大，你说的那句话，我永远都忘不了！"

盲人站了好长时间，突然一把抓住威尔逊先生，爆发出一阵大笑："这就是命运啊！不公平的命运！你在里面，现在出人头地了，我跑了出去，却成了一个没有用的盲人！"

威尔逊先生用力推开盲人的手，举起了手中一根精致的棕榈手杖，平静地说："你知道吗？我也是一个盲人。你相信命运，可是我不信。"

感 悟

很多事实都证明：接受不幸、屈服于命运的人，最终会成为命运的奴隶；纵然遭遇不幸，却能积极地挑战不幸、不屈服于命运的人，一定能战胜不幸，获得成功。

时间不等人，延迟决定是最大的错误

美国拉沙叶大学的一位业务员前去拜访西部一小镇上的一位房地产商人，想把一个"销售及商业管理"课程介绍给这位房地产商人。这位业务员到达房地产商人的办公室时，发现他正在一架古老的打字机上打着一封信。这位业务员自我介绍一番，然后介绍他所推销的这个课程。

那位房地产商人显然听得津津有味。然而，听完之后，却迟迟不表示意见。

这位业务员只好单刀直入了："你想参加这个课程，不是吗？"

这位房地产商人以一种无精打采的声音回答说："呀，我自己也不知道是否想参加。"

他说的倒是实话，因为像他这样难以迅速做出决定的人有数百万之多。这位对人性有透彻认识的业务员，这时候站起来，准备离开。但接着他采用了一种多少有点刺激的战术。下面这些话使房地产商人大吃一惊。

"我决定向你说一些你不喜欢听的话，但这些话可能对你很有帮助。

"先看看你工作的办公室，地板脏得可怕，墙壁上全是灰尘。你现在所使用的打字机看来好像是大洪水时代诺亚先生在方舟上所用过的。你的衣服又脏又破，你脸上的胡子也未刮干净，你的眼光告诉我你已经被打败了。

"在我的想象中，在你家里，你太太和你的孩子穿得也不好，也许吃得也不好。你的太太一直忠实地跟着你，但你的成就并

不如她当初所希望的。在你们结婚时,她本以为你将来会有很大的成就。

"请记住,我现在并不是向一位准备进入我们学校的学生讲话,即使你用现金预缴学费,我也不会接受。因为,如果我接受了,你将不会拥有去完成它的进取心,而我们不希望自己的学生当中有人失败。

"现在,我告诉你为何失败。那是因为你没有做出一项决定的能力。

"在你的一生中,你一直养成一种习惯:逃避责任,无法做出决定。结果到了今天,即使你想做什么,也无法办得到了。

"如果你告诉我,你想参加这个课程,或者你不想参加这个课程,那么,我会同情你,因为我知道,你是因为没有钱才如此犹豫不决。但结果你说什么呢?你承认你并不知道你究竟参加或不参加。你已养成逃避责任的习惯,无法对影响到你生活的所有事情做出明确的决定。"

这位房地产商人呆坐在椅子上,下巴往后缩,他的眼睛因惊讶而膨胀,但他并不想对这些尖刻的批评进行反驳。

这时,这位业务员说了声再见,走了出去,随手把房门关上。但又再度把门打开,走了回来,带着微笑在那位吃惊的房地产商人面前坐下来,继续他的谈话。

"我的批评也许伤害了你,但我倒是希望能够触怒你。现在让我以男人对男人的态度告诉你,我认为你很有智慧,而且我确信你有能力,但你不幸养成了一种令你失败的习惯。但你可以再度站起来。我可以扶你一把——只要你愿意原谅我刚才所说过的那些话。

"你并不属于这个小镇。这个地方不适合从事房地产生意。你赶快替自己找套新衣服,即使向人借钱也要去买来,然后跟我到圣路易市去。我将介绍一个房地产商人和你认识,他可以给你一些赚大钱的机会,同时还可以教你有关这一行业的注意事项,你以后投资时可以运用。你愿意跟我来吗?"

那位房地产商人竟然抱头哭泣起来。最后，他努力地站了起来，和这位业务员握握手，感谢他的好意，并说他愿意接受他的劝告，但要以自己的方式去进行。他要了一张空白报名表，签字报名参加《推销与商业管理》课程，并且凑了一些一毛、五分的硬币，先交了头一期的学费。

3年以后，这位房地产商人开了一家拥有60名业务员的公司，成为圣路易市最成功的房地产商人之一，他还指导其他业务员的工作，每一位准备到他公司上班的业务员，在被正式聘用之前，都要被叫到他的私人办公室去，他把自己的转变过程告诉这位新人，从拉沙叶大学那位业务员初次在那间寒酸的小办公室与他见面开始说起，并且首先要传授的一条经验就是——"延迟决定是最大的错误"。

感 悟

犹豫不决，决而不断，是成功道上的巨大阻石，很多人往往由于延迟决定而错过了最佳时机。时间不等人，无论做什么事，都要果断决定，用行动去改变自己，去证明自己，才有可能成功。

做事最怕没创意，有创意的东西才能引起关注

日本冈山市有一栋非常漂亮气派的5层钢筋水泥大楼。这栋大楼就是条井正雄所拥有的冈山大饭店。然而，谁也没想到，这位当年身无分文的条井正雄却盖起了这栋大楼。

条井以前是一个银行的贷款股长，一直负责办理饭店、旅馆业贷款的工作。10年的工作，使他不知不觉成了一个对旅馆经营知识十分丰富的人，这时他心里自然也产生了经营旅馆的欲望。为了求得更完善的方案，他实地作过精密的调查，调查结果是来冈山市的旅客，有97%是为商务而来的。然后，他又在公路边站了3个月，调查汽车来往情况，得出每天汽车流量有900辆，每辆车约坐2.7人。然而当时，冈山市的旅馆却没有一家有像样的停车场设施。他想，将来新盖的饭店，必须具

有商业风格，而且附设广阔的停车场，以此来吸引旅客。他又花费一年时间，制成几张十分阔气的饭店设计图纸和一份经营计划书。抱着试试看的心情到冈山市最大的建筑公司碰运气。

一位主管看了他的设计后，问条井："你准备了多少资金来盖这栋大楼？"

"我一分钱也没有，我想，先请你们帮我盖这栋大楼，至于建筑费等我开业之后，分期付给你们。"条井泰然自若地回答。

"你简直是在做白日梦，真是太天真了，请你把这个设计图拿回去吧！"

"这几张图纸和计划书是我花了两年时间搞成的，我认为很完整。请你们详细研究，我以后再来讨教！"条井没有说更多的话，把设计图丢在那里，掉头就走。

半个月后，奇迹发生了，这个建筑公司约他去面谈。该公司的董事和经理齐聚一堂，从上午8点谈到下午4点，一个接一个地问话，各式各样的提问，那种场面真令人惊肉跳。然而，难以令人相信的事终于发生了：建筑公司决定花2亿日元替这位身无分文的先生盖饭店。

一年后饭店落成了，条井成了老板。这就是创意所带来的巨大成功。

感 悟

创意是一种找出问题、改进方法的能力。做事最怕没创意，只有有创意的东西才能从众多的同类事物中脱颖而出，引起人们的关注。发挥创意并不仅仅局限于艺术领地，各项事业的成功都需要充分运用我们的创意。

没有思想和主见，一切学识和经验都毫无价值

一家大公司需要招聘办公室副主任，在省城的好几家报纸上登出了"高薪诚聘"内容的广告。月薪4000元的确具有不小的诱惑力，一时间应者云集，有近百人报名参加初试，其中不乏硕士生和许多有工作经验者。

第九章　接受不幸不如接受挑战，相信命运不如相信自己

初试之后，又经过了三轮面试，最后确定由3人参加最后一轮面试。他们是：一个硕士毕业生、一个应届本科毕业生和一个有着5年相关工作经验的年轻人。

最后的面试由总经理亲自把关：跟3位应聘者逐个进行交谈。

面试的房间是临时腾出来的，设在人事部的一间小办公室里。等谈话要开始了，才发现室内恰好少了一把供应聘者坐下来跟总经理交谈的椅子。办事人员正要到隔壁办公室去借一把椅子，总经理挥手制止了他："别去了，就这样吧！"

第一位进来的是那位硕士生。总经理对他说的第一句话是："你好，请坐。"他看着自己周围，发现并没有椅子，充满笑意的脸上立即现出了些许茫然和尴尬。

"请坐下来谈。"总经理又微笑着对他说。他脸上的尴尬显得更浓了，有些不知所措，略作思索，他谦卑地笑着说："没关系，我就站着吧！"

接下来就轮到年轻人，他环顾左右，发现并没有可供自己坐的椅子，也是一脸谦卑地笑："不用了，不用了，我就站着吧！"

总经理微笑着说："还是坐下来谈吧！"

年轻人很茫然，回头看了看身后，"可是……"

总经理似乎恍然大悟，说："啊，请原谅我们工作上的疏忽。那好，您就委屈一下，我们站着谈吧！不过，很快就完的。"

几分钟后，那个应届毕业生进来了。总经理的第一句话仍然是："你好，请坐。"

大学生看看周围没有椅子，愣了一下，立即微笑着请示总经理："您好，我可以把外面的椅子搬一把进来吗？"

总经理脸上的笑容舒展开来，温和地说："为什么不可以？"

大学生就到外面搬来了一把椅子坐下来，和总经理有礼有节地完成了后面的谈话。

最后一轮面试结束后，总经理留用了这位应届的大学毕

-183-

业生。

总经理的理由很简单：我们需要的是有思想、有主见的人，没有自己的思想和主见，一切的学识和经验都毫无价值。

事实也证明总经理的判断准确无误。仅仅半年之后，应届毕业生就坐到了总经理助理的位置上，成为公司中最年轻的高层管理人员。

感 悟

做任何事情都需要我们有思想、有主见，这样才能充分发挥自己的主动性和创造性。如果一个人没有自己的思想和主见，那么，一切学识和经验都毫无价值。

只有做好了充分的准备，希望才会成为现实

琼在每次谈论自己时都说，她成年以后一直希望能上大学，但是总有原因阻止她实现这一理想：她付不起学费，她必须养家糊口，她的工作太忙，她没有时间。她最近的一个原因是太老了。

她丈夫最后一次建议她上大学时，她对他说："如果我现在利用业余时间开始读大学，毕业的时候我都60岁了。"

丈夫告诉她："无论如何，你都会到60岁。而那时你可以有大学文凭，也可以没有大学文凭。你希望60岁时在经理的职位上退休呢？还是像现在一样，依然是个理货员？"

"哦，那当然希望以一个经理或主管的身份了。"琼说道。

"那你现在还不开始准备一些必需的东西吗？要知道，不去做准备的希望永远也成不了现实。"琼的丈夫结束了这次谈话。

最后，琼开始利用业余时间参加大学学习。她以为白天工作，晚上和周末学习会使自己精疲力竭，但事实完全相反，她从未感到过如此精力充沛。

琼最后终于在规定时间内拿到了自己梦想的大学的结业证书，她为此兴奋不已。而认识她的人都说她的变化很大，变得

自信了，浑身充满了活力。

琼原来只是一家百货公司的理货员，而在她参加学习期间，利用在学校学习的知识，向上司提出了新的货物管理与统计方案，并得到采用，她也顺理成章地进入了公司管理层。这些都是琼以前从来都没想到过的。她没有想到，人生就因为她的这次准备而变得如此丰富多彩。这更坚定了她努力的决心，她开始重新为自己定位，并为新的目标再去做下一步的准备。最后，终于成为这家公司唯一的从理货员干起来的总经理。

从一个理货员到总经理，其中要经过多少努力与艰辛，但琼做到了。就像她的丈夫所说的那样：不去做准备，希望永远也成不了现实。这句话现在已经成为她开会时经常说的口头禅了。想当初，她也曾为自己找过无数的借口，不去学习和准备，但当她真的去做了，却发现一切并不像想象的那样困难，她的信心因此而大增，终于成就了她事业的辉煌。显而易见，琼正是准备的最大受益者。

感 悟

不去做准备，希望永远都只能是希望，它不会因为你口头上的坚持而成为现实。不要给自己的懒怠找任何借口，要知道，梦想的实现是必须以实际行动上的坚持不懈为依托的。只要做好了充分的准备，希望才会成为现实，梦想才会实现。

认识并相信自己，才能更好地发挥潜能

梅尔文·亚班斯从事的是培养推销员的工作，但他最擅长的是激发每个人都具有的潜能。他负责把某人从不能发挥特长的工作岗位，调到更能发挥才能的职位上，而且往往都会获得非常好的成效。他称自己从事的工作是"人类改造业"。他相信能在人们身上发掘出未开发的能力，并帮助人们实现自身的发展。

有一个叫杰克的青年，担任非常呆板的事务性工作。他很

有才能，擅于交际，待人和善，工作认真，他经常提出促进生产的新构想。不仅如此，他还能很好地激励周围的人奋发向上。亚班斯很钦佩杰克，认为他还有许多未开发出来的潜能，于是就问他："你认为这家公司如何？"

"我认为它是世界上最好的公司，能在这里工作对我是很大的鼓励，我准备成为公证会计师。"

亚班斯这样对他说："让我说出我对你的看法吧！也许你会惊讶，你有非常好的推销天分。你热爱公司的产品，如果负责销售，你一定能获得最好的成绩，不论对公司或对你自己都能带来很大的利益。"

这意外的建议使杰克惊讶极了，很自然地流露出了他的另一面，那就是不安与缺乏信心。

"不，我对现在的工作很满意，我已经驾轻就熟，就像在自己的家里一样，改变工作可能会让我变成离水的鱼，我不可能改行做推销员。"他说出对自己的否定性评价，对离开安定的岗位显得很不安。

可是，亚班斯非常坚持："你并不了解你自己。你现在最需要的是不要怀疑，对自己要有信心，必须了解真正的自己。"亚班斯的热忱终于使杰克答应接受推销术的培训。后来连他自己都觉得惊讶，因为他对推销工作非常感兴趣。

讲习班的讲师对亚班斯说："你发现了一位可以说是天生的推销员。只是他本人还缺乏信心。""不久他就会有信心的。"亚班斯回答道。

杰克到外面去实际访问客户的一天终于来临了，他非常紧张。亚班斯对他说："我也一道去吧。在你负责的部分地区我可以和你一起。"

亚班斯把新推销员杰克带到成交可能性较大的顾客那里去。杰克发挥了他的社交特长，对方相当满意。他很仔细地观察亚班斯为他示范的推销法，在俩人一道进行访问的过程中，杰克获得了宝贵的启示。亚班斯也把自己的信念与自信植入杰克的心中。不久，杰克真正相信自己的能力了，他改变了对自己的看法，产生了成就感，越来越喜欢这项工作。

有一天，亚班斯对这位新推销员表示，以后不能和他一起出去了，他必须自己一个人去面对客户，接着给他打气说："保持热忱，待人温和，对公司的产品和自己要有信心。"

"我一个人也做得来。"杰克带点不安地低声回答道。

"你绝不会孤独的。"亚班斯鼓励他。

后来，杰克发挥他的潜能获得了成功。亚班斯的判断没有错。

感 悟

在现实生活中，有很多人不能正确认识自己，这就使得他们缺乏自信，无法充分发挥自己的才能。一个人是不能没有自信的，自信是令人难以置信的力量产生的源泉。一个人拥有了自信，便拥有了成功的前提。

只要满怀信心地追求奇迹，奇迹就可能发生

有一对夫妻正好赶上不景气的时代，和大部分家庭一样，这对夫妻的经济特别窘迫。男人经常发牢骚说："如果能克服这次困难，将来还会有希望，但这是不可能的。"可是具有积极态度的妻子却和丈夫不同，她说："这个问题我们应该能够解决。那不是太大的问题，绝对可以做到！"

他们两人彼此恩爱，妻子一直鼓励着丈夫，在两个人之间保持了信念和乐观的精神。在许多人失业的情形下，这个男人没有失去工作。妻子对丈夫表示的信赖起了大作用。

这个男人名叫亨利，在一家以销售英国毛织品为主的商店工作，有一次他打开商品的捆包，在商品的最上面发现一张折叠的字条，上面写着："追求奇迹，奇迹就会发生。"他想，究竟是什么人？为什么要写这样的话？顺手就要把字条丢进垃圾桶里。可是，一个念头阻止了他。他想到拿给妻子海莲看，她一向喜欢这种胡闹的东西，便放进了口袋里。

这天晚上他把那张纸条拿出来放在桌子上。

"有个很好玩的东西。今天我打开的箱子里,一个英国怪人放了这张东西在里面。一定是头脑有问题的人。"

妻子看了以后,盯着那张纸条想了一会儿。

"不,亨利,把这张纸片放在箱子里的人不是怪人,更不是头脑有问题的人。这个人或许和我们一样有过艰苦的时日,是这种与众不同的方法帮助他克服了困难……有很多事情我们现在还不知道如何解决,所以先拿一个小问题来实验一下,让我们一同祈求奇迹出现吧!"

"算了吧。只有童话故事里才会有奇迹出现,那是像梦一样不实在的东西。在这科学的时代不会发生奇迹的。"丈夫这样说完后,就开始了夫妻间常有的拌嘴。

海莲走到书架旁说:"看看我们的朋友韦伯斯先生是怎么说奇迹的。"

她查阅韦伯斯字典"奇迹"一字的说明。然后高兴地说:"上面写的不可思议的事情,可是并没有说是不科学的。也许我们是把超过我们理解力之外的东西称为奇迹,把能理解的当作科学的知识。飞机在以前是属于奇迹的不可思议的东西,电灯和电话也是。超越现代医学知识的治病方法或心灵现象等,现在称为奇迹的,未来一定会成为科学知识的一部分。到最后也会证实信仰乃是创造一切科学法则的一部分。"

丈夫听了,好像慢慢能理解她要表达的含义了。

"你真聪明。"亨利只有钦佩的分,"也许你说得对。"

于是俩人就决定拿比较小的问题来祈求发生不可思议的事——奇迹。妻子以信心十足的积极态度,丈夫则以稍许缺乏信心的态度追求奇迹。

但即使没有很大的信心,积极的思考仍具备相当的力量。《圣经·马太福音》里是这样写的:"只要你有一粒芥菜种子大的信仰,就没有任何事情你做不到。"

而后不久,亨利和海莲经历了非常不可思议的事情,使他们高兴极了。他们两个人尝试"追求奇迹,奇迹就会发生"的结果开始显现。虽然不是他们所希望的结果,也不是他们认为需要的那种结果,但那确实解决了他们的问题。于是亨利开始真正相信奇迹了。

他们两人的人生会发生这样的奇迹,是因为有积极态度的海莲,抛去了不可能的想法,相信奇迹终会产生。

最后,亨利自然也变成了非常杰出的积极思考者。对他来说,这样的转变绝不是容易的事。可是相信了人会成为如自己所想象的那种人,会发生如自己所想象的那种事,他就能和妻子分享积极思维了。两个人成为拥有"积极思维"的夫妻。

后来,这对夫妻自己开始做生意。几年后,这对夫妻获得了他们期盼的奇迹——拥有了一套豪华别墅。

感　悟

追求奇迹,并不是要你异想天开,坐在地上不动,一心等着天上掉馅饼,而是告诉你要以积极乐观的心态,对未来充满憧憬和希望,相信美好的事情终究都会发生。请相信,只要满怀信心地追求奇迹,奇迹就会发生。

给自己设定目标,不断地挑战自我

1994年5月3日,11发半自动狙击步枪子弹射入了德瑞克的体内,穿透了他的骨头、肌肉和器官,这只有不到3秒钟的时间。他倒下去后,开始往火线外面爬。等到3小时后得到救援时,他身上的血已经流失了近80%——现场的医生说他距离心脏停止跳动只有30秒钟。

德瑞克一直喜欢挑战自我,设定新的目标,并看着自己实现。由于自己的职业,他还得为最糟糕的情况做准备。

作为澳大利亚公安部特别行动组的精英之一,他曾很多次因演习而被子弹击中。他的行动计划非常具体,甚至包括如果被击中的话,该让自己的身体如何应付。他经常付诸实施。他并不是悲观,只是很现实。

那天在澳大利亚迷人的拜瑞沙峡谷中执行任务时,他不仅被击中了，而且快死了。他自己很清楚这一点。"我给自己定了一个目标——活下去，和我的孩子们在一起，哪怕坐在轮椅上。"当他被持枪的歹徒击中后无助地倒在地上时，他把自己的精神目标付诸行动。当他感觉到自己由于失血爬不动时，他开始控制自己的行动。他告诉自己要保持平静，放慢呼吸、调整脉搏，以减少失血。

他集中所有的意念使自己活下去，以便当他的孩子们遇到考验和磨难时，他能够帮助他们。通过明智的努力，德瑞克活了下来，再次看到了他的家人。

德瑞克被送到了医院后，最初的7个小时内，他活下去的机会只有一半。当脱离了重病特别护理后，他经历了一系列手术，但看起来他的腿不能像从前一样活动了。这对于一个身体健康的人来说，是一个很大的打击。

他说："我陷入了困境，我知道自己不能改变过去，但为了使我的未来更好一点，我必须面对这种情形。"

德瑞克舍不得放弃自己深爱的工作。于是，他又为自己设定了一个远大的目标：重新加入特别行动组。别人都觉得这是不可能的，他们认为医生的估计是对的，他永远不能再像正常人一样走路了。

德瑞克把重返特别行动组的目标分解成一个个小的目标。

他说："首先，是站起来。然后绕着床走。我能看到自己实现了每一个目标，而且，当我快实现一个目标时，我给自己设定下一个。"恢复对于德瑞克来说，就是一系列的挑战性目标。

此外德瑞克还告诫自己要坚持。德瑞克如此努力，以致南澳大利亚病理学协会盛赞他的坚持，承认他对生理恢复做出的贡献。

1997年，德瑞克令人出乎意料地重新加入了特别行动组。他还参加了精英军事行动以及救援和高危的行动。

第九章　接受不幸不如接受挑战，相信命运不如相信自己

感悟

一个人的潜能是无限的，要激发这种潜能，需要很大的决心和毅力，更需要给自己不断地树立目标，不断地挑战自我，一个人的能力也会在这一次次的自我的挑战中不断提高。

勇于出新出奇，才会有更多成功的机会

风光优美、气候宜人的奥地利，是各国游客喜欢观光的胜地。就在某处青山和绿茵的环抱中，有家名为特里页辛格霍夫的酒店首创世界之最——"婴儿酒家"，吸引了成千上万的国内外游人，生意极为兴隆。

那么，这个"婴儿酒家"是谁的创意呢？说来话长。这家酒店原是一位女老板经营，后来她病逝。店务就落在她那个29岁的儿子西格弗里德身上。新老板很想革故鼎新，搞些新名堂，用以开拓自己的事业。

一天，一位朋友满面春风地来探望他，告诉他自己成为父亲了。望着朋友容光焕发的笑脸，西格弗里德怦然心动，一个崭新的生意经在脑海中跳出来。他对朋友说："我想把这家普通酒店改成一家婴儿酒家。我特地邀您夫妇带着小孩两星期后光临，在此度过一段美妙的时光。"朋友欣然答应。

于是酒店立即投入改装、施工。亲友们很不理解西格弗里德的新名堂，指责道："婴儿会喝酒吗？你年纪轻轻办事不牢靠，不要把你母亲多年辛苦经营留下的产业败光了啊！"

西格弗里德申辩道："我命名它为'婴儿酒家'，宗旨是'小客人快乐第一'，其实更是为年轻的父母们服务的呀。"

亲友们还是不理解，都说他异想天开，肯定是个败家子。西格弗里德不再搭理，督促工匠们加快工作进度：在两星期的停业改修中，他为酒店添置了许多婴儿床、高脚椅和各式玩具，新辟了小客房、游乐室、婴儿酒吧和水上单车，并聘用了3位经过专业训练的合格护士，以备安排24小时轮流值班，看护各

个房间的小客人。每间小客房都要安装与服务台大厅连接的警铃,要是婴儿哭了或醒了,正在饮酒、跳舞或打高尔夫球的年轻父母就能及时赶去探望。

"婴儿酒家"终于如期开张。第一批前来娱乐度假的顾客中就有那位带着妻儿的朋友。他们为这独树一帜的酒家迷住了,极其舒畅地度过了一段终生难忘的日子。回到各地后,他们有意无意地为这世界之最的酒家做义务广告宣传员。于是,该店常常爆满。年轻的父母为了品味这家酒店的新奇和美妙,纷纷上门或预约房间。西格弗里德又及时根据生意行情,购买了更多的玩具、婴儿床、尿壶、拉屎座椅等,终于把婴儿酒家办成一座令婴儿及其父母流连忘返的儿童乐园。

感悟

我们知道,因循守旧会故步自封,只有推陈出新才能有所发展。要善于抓住在头脑中一闪而过的灵感,如果可行就要立刻去做,不要在乎别人的看法,因为这往往就是一个获取成功的绝好机会。

如果有什么阻碍前进,就设法清除掉

从前,印度有一个国王,即将对敌国进行一次袭击。

王宫里有一个占星家,被敌人收买了。在出征的前一天,占星家预言:如果军队在明天或其后两个月出征,军队肯定要遭到惨败。占星家的目的是为敌人争取时间,以便使他们做好迎战准备。

军队都很相信占星家的话,他们一再对国王说,不要在明天或其后两个月内出征,否则会自取灭亡,白白送死的。

国王听了这些话很恼火。如果听信占星家的话,会使他丧失胜利的前景。但他知道,军队是很迷信的,对占星家的话深信不疑,只有证明占星家的话是假的,才能驱散迷雾。

国王经过一番深思熟虑后,把占星家传到王宫里问话:"告诉我,你什么时候死?"

"我将在 31 年之后死去。"占星家很快地答道。

就在那天晚上,国王派自己的亲信——军队司令把占星家杀死了。然后向全国宣布:"占星家曾预言他 31 年之后死,但他昨天就死了。所以有理由说,他的预言是完全错误的。我们不应相信这个笨蛋的话,从而丧失取得胜利的光明前景。我们应该立即出征,去赢得胜利!"

士兵们都表示愿意出征,国王的军队以闪电般的速度前进,直捣敌人的营垒。敌人由于毫无准备,一触即溃,遭到了惨败。

感 悟

在人生漫长的道路上,阻碍我们前进的东西有很多,或是自己的观念,或是别人的反对。如果有什么阻碍我们前进的步伐,就要想方设法清除掉。只有这样,我们才能阔步前进。

榜样的力量是无穷的,它能彻底改变一个人

有一个法国人,42 岁了仍一事无成,他自己也认为自己简直倒霉透了:离婚、破产、失业……他不知道自己的生存价值和人生的意义何在。他对自己非常不满,变得古怪、易怒,同时又十分脆弱。

有一天,一个吉普赛人在巴黎街头算命,他随意一试。吉普赛人看过他的手相之后,说:"您是一个伟人,您很了不起!"

"什么?"他大吃一惊,"我是个伟人,你不是在开玩笑吧?"

吉普赛人平静地说:"您知道您是谁吗?"

"我是谁?"他暗想,"是个倒霉鬼,是个穷光蛋,我是个被生活抛弃的人!"但他仍然故作镇静地问,"我是谁呢?"

"您是伟人",吉普赛人说,"您知道吗,您是拿破仑转世!您身上流的血,您的勇气和智慧都是拿破仑的啊!先生,难道您真的没有发觉,您的面貌也很像拿破仑吗?"

"不会吧……"他迟疑地说,"我离婚了……我破产了……我失业了……我几乎无家可归了……"

"嗨，那是您的过去"，吉普赛人只好说，"您的未来可不得了！如果先生您不相信，就不用给钱好了。不过，5年后，您将是法国最成功的人啊！因为您就是拿破仑的化身！"

他表面装作极不相信地离开了，但心里却有了一种从未有过的伟大感觉。他对拿破仑产生了浓厚的兴趣。回家后，就想方设法找与拿破仑有关的一切书籍著述来学习。

渐渐地，他发现周围的环境开始改变了，朋友、家人、同事、老板，都换了另一种眼光、另一种表情对他。事情开始顺利起来。后来他才领悟到，其实一切都没有变，是他自己变了：他的胆魄、思维模式都在模仿拿破仑，就连走路说话都像。

13年后，也就是在他55岁的时候，他成了亿万富翁，成了法国赫赫有名的成功人士。

感 悟

榜样的力量是无穷的，他引导我们与之看齐，并能激发我们的积极心态。人的心态和行为是紧密相连的。积极的心态会引发一系列积极的思维和行为，而这些积极的思维和行为也必然会彻底改变一个人。所以，我们都应该为自己的人生寻找一个榜样。

身处逆境时只要能全力以赴，时运终究会逆转

宾夕法尼亚州匹兹堡有一个女人，她已经34岁了，过着平静、舒适的中产阶层的生活。但是，突然连遭四重厄运的打击。丈夫在一次事故中丧生，留下两个小孩；没过多久，一个女儿被烤面包的油脂烫伤了脸，医生告诉她孩子脸上的伤疤终生难消，母亲为此伤透了心；她在一家小商店找了份工作，可没过多久，这家商店就关门倒闭了；丈夫给她留下一份小额保险，但是她耽误了最后一次保费的续交期，因此保险公司拒绝支付保费。

碰到一连串不幸事件后，女人近于绝望。她左思右想，为了自救，她决定再做一次努力，尽力拿到保险补偿。在此之前，

她一直与保险公司的下级员工打交道。当她想面见经理时，一位多管闲事的接待员告诉她经理出去了。她站在办公室门口无所适从，就在这时，接待员离开了办公桌。机遇来了，她毫不犹豫地走进里面的办公室，结果，看见经理独自一人待在那里。经理很有礼貌地问她。她受到了鼓励，沉着镇静地克制自己，讲述了索赔时遇到的难题。经理派人取来她的档案，经过再三思索，决定应当以德为先，给予赔偿，虽然从法律上讲公司没有承担赔偿的义务。工作人员按照经理的决定为她办了赔偿手续。

但是，由此引发的好运并没有到此中止。经理尚未结婚，对这位年轻的寡妇一见倾心。他给她打了电话，几星期后，相继发生了如下事件：他为寡妇推荐了一位医生，医生为她的女儿治好了病，脸上的伤疤被清除干净；经理通过在一家大百货公司工作的朋友给寡妇安排了一份工作，这份工作比以前那份工作好多了；经理向她求婚。几个月后，他们结为夫妻，而且婚姻生活相当美满。

感 悟

世事难料，有的人昨天还富贵风光，今天却一败涂地；有的人终日郁闷不得志，却忽然时来运转、步步高升。人生的际遇就是这么变幻莫测，我们谁也不知道下一步等待自己的是什么。但生活的经验却一再告诉我们，身处逆境时只要能全力以赴，时运终究会逆转。

面对凶险时，最重要的是不要惊慌

鲨鱼的攻击性极强，只要被鲨鱼发现，很少有人能够逃生。不过，奇怪的是，海洋生物学家罗福特对鲨鱼研究了多年，经常穿着潜水衣游到鲨鱼的身边，与鲨鱼近距离接触，可鲨鱼好像并不介意他的存在。

罗福特介绍说："鲨鱼其实并不可怕。可怕的是你一见到鲨鱼，自己就先害怕了。"

是的，的确如此。只要你见到鲨鱼时，心里不害怕，那么你就很安全。人在遇到鲨鱼时，心跳就会加速，正是那快速跳动的心脏引起了鲨鱼的注意。鲨鱼就是从那快速跳动的心脏在水中的感应波发现猎物的。

　　如果在鲨鱼面前，你能够心情坦然，毫不惊慌，那么鲨鱼对你就不构成任何威胁，哪怕它不小心触到了你的身体，也不会实施任何攻击，马上又从你的身边游走了。反之，如果你一见到鲨鱼就吓得浑身发抖，尖声惊叫，心跳加速，然后只想快点逃命，那么你注定会成为鲨鱼的一顿美餐。

感　悟

　　其实凶险并不可怕，可怕的只是我们在面对的时候自己先乱了手脚。不管我们面对的东西或者是情况有多么凶险，都不要惊慌，只要用坦然的心情去面对和处理，就会平安无事。

第十章

不刻意去追逐的东西，反而更容易得到

世间的许多东西都如此，当你刻意地追逐它时，它就会跑得飞快；当你摒弃表面的凡尘杂念，为了社会、为了他人，专心致力于一件事时，有些东西反而能轻易得到。

只要顺其自然,有些东西会唾手可得

从前,有位樵夫生性愚钝。有一天,他上山砍柴,不经意间看见一只从未见过的动物。于是,他上前问:"你到底是谁?"

那动物开口说:"我叫'领悟'。"

樵夫心想:"我现在就是缺少'领悟'啊!把它捉回去算了!"

这时,"领悟"就说:"你现在想捉我吗?"

樵夫吓了一跳:"我心里想的事它都知道!那么,我不妨装出一副不在意的模样,趁它不注意时赶紧捉住它!"

结果,"领悟"又对他说:"你现在又想假装成不在意的模样来骗我,等我不注意时,将我捉住。"

樵夫的心事都被"领悟"看穿,所以就很生气:"真是可恶!为什么它都能知道我在想什么呢?"

谁知,这种想法马上又被"领悟"发现。

它又开口:"你因为没有捉住我而生气吧!"

于是,樵夫从内心检讨:"我心中所想的事,好像反映在镜子里一般,完全被'领悟'看穿。我应该把它忘记,专心砍柴。"

樵夫想到这里,就挥起斧头,用心砍柴。

一不小心,斧头掉下来,却意外地压在"领悟"上面,"领悟"立刻被樵夫捉住了。

感 悟

违背自然规律去办事,会步步艰难,而学会顺应自然规律办事,就会得心应手。不要去强求某些不属于自己的东西,要学会顺其自然。只要顺其自然,有些东西自然会唾手可得。

不要为蝇头小利而伤和气,共同努力才会得到更多

兄弟俩大了,到了谈婚论嫁的时候。但是父亲并不感到欣慰,因为家庭不那么富裕,兄弟俩时常为一些小利益产生龃龉,一旦到了分家产那天,还真不知道会发生怎样的争执。

有一天，父亲病了，躺在床上发呆。这时，老大过来问安。父亲说："叫你弟弟来，我有话说。"

老二到了。父亲坐起来说："我自己也不知道这病如何来的，难受得很。"兄弟俩劝父亲别担心，父亲摇摇头："其实这病我也不担心，因为我自己能应付过去；但，如果你们将来反目，那就是我们家庭的'病'了，谁都难应付。"兄弟俩都很惭愧。

父亲下床，指着院子里的几只鸡说："看看它们，蹲在那里相安无事，这不是很好吗？"然后父亲到屋子里端出了一盆谷子，悄悄走到屋后，将大部分谷子撒在地上，仅留了几粒回到院子里，撒向那些鸡。鸡群看见来了谷子，腾地跳起身，一起上前争夺，翅膀挥舞，咕咕乱叫，原本清静的世界，因为这几粒谷子而"硝烟弥漫"。

兄弟俩笑了，他们明白父亲的意思。父亲又说："你们都看见了，更多的谷子其实在屋后……"

感 悟

没有利益冲突时，有些人能和平共处、相安无事；而一旦有了利益之争，他们就会互不相让，争得你死我活。何苦为了小小的利益而伤和气，甚至反目成仇呢？共同努力，双方都会得到更多。

在得到一些东西之前，先要付出一些东西

1914年的冬天，在瑟瑟的寒风中，美国加州沃尔逊小镇来了一群逃难的流浪者。长途辗转流离，使他们一个个面黄肌瘦，疲惫不堪。善良而朴实的沃尔逊人，家家燃炊煮饭，友善地款待这些流浪者。镇长杰克逊大叔亲自为他们盛上粥食，这些流浪者显然已有好多天没吃到食物了，他们一个个狼吞虎咽，连句感谢的话都顾不上说。

只有一个年轻人例外，当杰克逊大叔把食物送到他面前时，这个骨瘦如柴的年轻人问："先生，吃您这么多东西，您有什么活需要我做吗？"

杰克逊大叔想，给每个流浪者一顿果腹的饭食，每一个善良的人都会这么做，不需要什么报答。于是，他说："不，我没有什么活需要你来做。"

这个年轻人目光顿时黯淡下来，他的喉结剧烈地上下动了动："先生，那我不能随便吃您的东西，我不能没有经过劳动，便平白得到这些东西。"

杰克逊想了想又说："我想起来了，我确实有些活需要你帮忙，不过得等到你吃过饭后再去做。"

"不，我现在就去做，等做完活，我再吃这些东西。"那个青年站了起来。

杰克逊大叔深深地赞赏这个年轻人，但他知道这个年轻人已经两天没吃到东西了，又走了这么远的路，可是，不给他做些活，他是不会吃东西的。杰克逊大叔思索片刻，说："小伙子，你愿意为我捶背吗？"

那个年轻人便十分认真地给他捶起背来。捶了几分钟，杰克逊便站起来："好了，小伙子，你捶得棒极了。"说完，将食物端到了年轻人的面前。年轻人这才狼吞虎咽地吃起来。

杰克逊大叔微笑着注视着年轻人："小伙子，我的农场太需要人手了，如果你愿意留下的话，那我就太高兴了。"

那个年轻人留了下来，并很快成了农场里的一把好手。两年后，杰克逊把女儿许配给了他，并对女儿说："别看他一无所有，但他百分之百是个富翁，因为他有尊严！"

20年后，那个年轻人果然成了亿万富翁，他就是赫赫有名的美国石油大王哈默。

感悟

凡是成大业者，都遵循一条黄金规则：在得到一些东西之前，先要付出一些东西。他们拒绝不劳而获，他们知道，唯有依靠自己的奋斗，才能赢得尊严，才能赢得别人的尊敬和欣赏，才能真正地得到自己想要的东西。

不刻意去追逐的东西，反而更容易得到

有这样一个天才面包师，自打一生下来，就对面包有着无比浓厚的兴趣，闻到面包的香气就如醉如痴。

长大后，他如愿以偿地做了面包师。他做面包时，要有绝对精良的面粉黄油；要有一尘不染、闪光晶亮的器皿；打下手的姑娘要令人赏心悦目；伴奏的音乐要称心宜人。4个条件缺一不可，否则酝酿不出情绪，就没有创作灵感。

他完全把面包当作艺术品，哪怕只有一勺黄油不新鲜，他也要大发雷霆，认为那简直是难以容忍的亵渎。哪一天要是没做面包，他就会满心愧疚：馋嘴的孩子和挑剔的姑娘只能去觅那些粗制滥造的面包了。他从来不去想今天少做了多少生意，然而他的生意却出人意料地好，超过了所有比他更聪明活络、更迫切赚钱的人。

再来看下面的这个故事。

有一个药铺老板，幼年时父亲因抓不起药而命赴黄泉，他发誓要开一个乐善好施的药铺。当了老板之后，他不改初衷，童叟无欺，贫富不二。

他还自学成才，专给没钱看医生的人开方子。一些药界行家见此大摇其头：一副败家子做派，不赔本才怪！然而他的生意却日渐红火，超过了所有比他更会降低成本、更精明强干的人。

感　悟

世间的许多东西都如此，当你刻意追逐它时，它就会跑得飞快；当你摒弃表面的凡尘杂念，为了社会，为了他人，专心致力于一件事时，有些东西反而能轻易得到。

做事不要不懂装懂，夜郎自大是要不得的

一只居住在图书馆里的老鼠和一只居住在粮仓里的老鼠相遇了。图书馆里的老鼠摆出一副学者的架子，傲气十足地对粮仓里的老鼠说："可怜的家伙，为了填饱肚子，你们甘愿住在干燥、憋闷的粮仓里。那里除了稻谷之外什么也没有。可想而知，

只有物质满足,缺乏精神享受的生活该有多么乏味啊!图书馆里是多么安静啊,古今中外,经史子集,我都能见到。"

"这么说,您一定是位知识渊博的学者喽。"粮仓里的老鼠虔诚地说道。

"呵呵,这有何难。它们的一字一句我都要细细咀嚼,一页页装进肚里。"图书馆里的老鼠说。

"这太好了,我正有一事需要像您这样知识渊博的老兄帮忙。"说完,粮仓里的老鼠把图书馆里的老鼠带到一座粮仓里,指着墙角的一个瓶子说:"您认得字,请看看这标签上写的是'香麻油'还是'灭鼠药'。"

图书馆里的老鼠根本不认识字。看见标签上3个黑乎乎的大字,哪里认得是"香麻油"还是"灭鼠药"?就在它进退两难之时,有一股香油味从瓶口飘出,于是,它就凭直觉猜测断定:"这是香油。"

"真的?看清楚了吗?"粮仓里的老鼠说。

"没错,不信,我先喝给你看。"为了证明自己博学,同时也是为了一饱口福,图书馆里的老鼠搬倒瓶子就喝了起来。谁知只喝了几口,就浑身抽搐,不一会儿,便四腿一蹬,死了。

后来,粮仓里的老鼠才知道,瓶子上写的应是"灭鼠药"。

感 悟

满招损,谦受益,这是亘古名言。什么时候都不要狂妄自大,也不要不懂装懂,否则是要上当吃亏的——它在伤害或欺骗别人的同时,也会伤害或欺骗到自己。

敞开博大的胸怀,不做目光短浅、见识狭小的人

一天,东海的大鳖来访问一只住在井底的青蛙。

井蛙说:"我住在这儿太快乐了!我独占这口井,高兴时跳上井壁玩玩,疲倦时可以躺在井底休息。井水漫过我的脚背,轻轻把我托起,像在软绵绵的沙滩上漫步,又像在暖洋洋的温泉中轻荡。我真幸福到了极点,周围的小虫儿、小螃蟹,哪个

比得上我。你怎么不到我井里参观参观呢？"

东海的大鳖听了，想到井里去看看，可刚把左脚伸进井里，右脚已被井台绊住了。于是，犹豫起来，不得不退了回去。

井蛙问："你怎么不进来呀？"

东海大鳖答道："你这井太小了。"

井蛙诧异地问："难道你住的地方，比我这儿大吗？"

"我住的东海，比这儿大得多了！"

"东海有多大？"井蛙问。

"东海之广，既使用千里之遥来形容它也不够；东海之深，即使用万丈之深来形容它也不多。9年洪水，东海不会因此增加一点儿；10年大旱，东海也不会因此减少一点儿。住在无边无际的东海里，才是最大的快乐呢！"人鳖回答。

井蛙听了这番话，惊得说不出话来了。

感 悟

一个人过于封闭自己，就无法了解外面真实的世界，就无法提升自己的人生。我们要随时以海纳百川的胸怀去迎接八面来风，这样才不会成为见识狭小的人。

过于注重外表，往往会上当受骗

学校请一位著名的教授来给学生作一次演讲。

教授拿了两杯水，一杯黄色的，一杯白色的，故作神秘地对学生说："待一会儿，你们从这两杯水中选择其中的一杯尝一下，不管是什么味道，先不要说出来，等实验完毕后我再向大家解释。"随后先问甲乙两位同学想喝哪杯水，甲乙二人都说要黄色的那杯，接着又去问丙丁两位同学，丙丁两人也同样要尝试黄色的那杯。就这样，总共有两百多个同学做了尝试，其中只有三分之一的同学选择了白色的那杯。

之后，教授问同学们，黄色的那杯是什么水？三分之二的同学伸出舌头回答："是黄连水。"

"那你们为什么想要尝试这一杯呢？"教授接着问道。

那些同学又回答:"因为它看起来像果汁。"

教授笑了笑,接着又问尝过那杯白色水的同学。这些同学大声答道:"是蜜。"

"那你们为什么选择尝试白色的这杯呢?"

"因为掺杂了色素的水虽然好喝、好看,但是并不能解渴呀!"这些喝过蜂蜜的同学笑着答道。

听完了同学们的回答,教授又笑了笑,说道:"绝大多数的同学选择了很苦的黄连水,因为它看起来像果汁;只有极少数的同学尝到了蜂蜜,这是为什么呢?其实,在我看来,人生的过程也就像选择两杯不同颜色的水,一旦选择了一种,便意味着放弃了另一种。大多数都会选择有颜色的耀眼的那杯,只有极少数才会选择不太起眼的、不招人喜欢的、很平常的那杯。前者追寻艳丽,相对来说很前卫,因而往往会尝到苦味,而后者因为并不注重于颜色、很看重现实,所以能尝到甜头。"

感悟

很多时候,我们不能根据事物的外表来判断其实质,外表华美艳丽的不一定是好东西,而外表朴素平常的也不一定就是坏东西。过于注重外表,往往会上当受骗。"金玉其外,败絮其中。"说的就是这个道理。

活出真实的自我,不要盲目地羡慕别人

从前,有一个青年要到一个村庄去办事,途中要经过一座大山。临行前,家人嘱咐他:"遇到野兽也不必惊慌,爬到树上,野兽便奈何不了你了。"

年轻人牢记在心,一个人上路了。

他小心翼翼地走了很长时间,并没有发现有野兽出现,看来家人的担心是多余的了。他放下心来,脚步也轻松了几分。正是这时,他突然看到一只猛虎飞奔而来,于是连忙爬到树上。

老虎围着树干咆哮不已,拼命往上跳。年轻人本想抱紧树干,但却因为惊慌过度,一不小心从树上掉了下来,刚好跌到猛虎

背上。他只得抱住虎身不放,而老虎也受了惊吓,立即拔腿狂奔。

另外一个路人不知事情的缘由,看到这一场景,十分羡慕,赞叹不已:"这个人骑着老虎多威风啊!简直就像神仙一般快活。"

骑在虎背上的年轻人真是苦不堪言:"你看我威风快活,却不知我是骑虎难下,心里惶恐万分,怕得要死呢!"

感 悟

在现实生活中,我们千万不要盲目地羡慕别人。某些人看似威风八面,其内心或许正愁苦不堪,不知所措。只有真实地生活在自己的世界里,才能活出真实的自我。或许,别人此刻也正羡慕你呢!

采取迂回战术,可以间接地达到目的

有一个海岛,岛上有很多沉积了多年的大颗的珍珠,价值都非常昂贵。可谁也无法接近这个海岛,只有栖息在海岸附近的海鸟能飞行往来于这个岛上。

很多人慕名而来,带有枪支弹药,捕杀飞回岸边的海鸟。因为这种海鸟每到白天都会飞到岛上去吃光如明月的珍珠。

时间长了,海鸟渐渐地灭绝,即使剩下的几只也过得胆战心惊,只要一闻到人的气息,看到人的踪影,就会早早地逃走。后来,来了一个很有智慧的商人,他在海岸附近买下大片的树林,并在树林周围围上栅栏,不让闲杂人走进他的树林。同时,他严厉告诫他的仆人,不许在树林里捕捉或驱赶海鸟,更不许放枪。

于是,当海岸其他地方的枪声一响,就会有海鸟在惊慌逃窜中不经意闯进他的树林。时间一长,海鸟渐渐地都留在他的树林里栖息。它们也因此不必再为安全而战战兢兢。

等海鸟在他的树林里逐渐安定下来的时候,他开始用各种粮食做成味道鲜美的食物,撒给这些海鸟吃。海鸟贪吃食物,吃饱后就把肚中的珍珠全部吐了出来。

日复一日,这个商人就成了百万富翁。

感悟

在很多问题上,急于求成的人往往会采取过于直接的手段,这种做法在短期内可能会有一定的成效,但从长远来看就不然了。眼光长远的人善于采取迂回战术,它虽不能起到立竿见影的效果,却能间接地达到目的。

事物都是相互联系的,对有些事不要不理不睬

一只老鼠透过墙壁上的洞,看见农夫和他的妻子正在打开一个包裹。里面是什么食物呢?当它发现那是一个捕鼠器后,吓呆了。

老鼠跑到农场的院子里,发布警告:"这所房子里有一个捕鼠器,这所房子里有一个捕鼠器!"

鸡咕咕地叫着,爪子在地上乱抓,然后头也不抬地说:"对不起,老鼠先生,这是你所面临的危险,和我没关系。我不必为此烦恼。"

老鼠又找到猪,告诉它:"这所房子里有一个捕鼠器,这所房子里有一个捕鼠器!"

"非常抱歉,老鼠先生,"猪同情地说,"除了祈祷,我对此无能为力。我一定会为你祈祷的。"

老鼠找到牛。牛说:"老鼠先生,捕鼠器会带给我什么危险吗?"

最后,老鼠低着头回到房子里,万分沮丧地独自面对农夫的捕鼠器。

当天晚上,房子里发出声响,捕鼠器抓到了猎物。农夫的妻子急忙赶来查看。黑暗中,她没有看见那是一条被夹住尾巴的毒蛇,结果毒蛇咬伤了农夫的妻子。农夫赶紧把妻子送到医院,回来后她发烧了。

人们都说,新鲜的鸡汤可以退烧,于是农夫拿着斧头到院子里去获取鸡汤的原料。他妻子的病情没有好转,邻居和朋友们纷纷赶来轮流照顾她。为了款待他们,农夫把猪杀了。后来,农夫的妻子病情恶化。她死了，许多人前来参加葬礼，农夫又杀了牛给他们做吃的。

> **感 悟**
>
> 任何事物都不是孤立存在的，都与其周围的事物存在着千丝万缕的联系。所以，当你周围的人面临麻烦，向你求助的时候，千万不要因为那不关你的事就置之不理。因为，很有可能下一个有麻烦的人就是你。

无论生活得如何，都要懂得自尊和尊重他人

一对衣着普通的夫妇带着一个六七岁的小男孩，来到这座城市最著名的一家西餐厅，坐定以后，服务员递上菜单，他们仅点了一份价格最低的牛排。

服务员问："一份牛排？可你们有3个人，这够用吗？"小男孩的爸爸笑了笑："我们都吃过了，牛排是给孩子吃的。"很快，牛排被送到了餐桌上，父母其乐融融地看着他们的孩子用餐。

3个人只点一份牛排的情形，在这家高级西餐厅中难免引起桌旁其他人的侧目，同时也引起了餐厅经理的注意。经理找服务员询问情况，服务员说："那是一对溺爱孩子的父母。"

经理对这一桌客人多留意了些。他发现这对父母在教导孩子使用餐桌上的刀、叉时，取用的顺序相当严格，耐心地一次又一次教他们的孩子，直到做对为止。

看到这情形，经理认为这一家人的情况和服务员说的有极大出入。于是，他把服务员叫来，交代了几句话。很快，服务员端来两杯咖啡，递到那一家的桌上。妈妈正要说没有点，经理过来了，告诉他们这是餐厅招待的。

随后，经理与这对夫妇聊了起来，终于知道了这一家人只点一份餐点的原因。

那位爸爸说："其实，我们的经济状况很差，根本吃不起这种高级餐厅的晚餐，但我们对孩子有信心，知道在贫困的环

境下长大的孩子会有不凡的成就。我们希望能及早教会他正确的用餐礼仪。更重要的是,我们也想让孩子在成长的过程中,记住自己曾在高级餐厅中接受过备受尊重的服务的那种感觉;也希望他将来做一个永远懂得自重,也能尊重他人、为他人服务的人。"

感 悟

当生活陷入困境时,有些人就会被打击得没有了自尊,也会变得无法真正去尊重别人。其实,无论生活得如何,我们都要懂得自尊和尊重他人,这不仅是一种做事的好心态,也是一种做人的良好品质。

助人不求回报者,往往会得到更多的回馈

很多年以前,有两个贫穷的孩子考进大学,为了赚取生活费与学费,他们两人都开始半工半读。

有一次,他们想到一个赚钱的方法:找一位著名的钢琴家,提出代办个人音乐会的企划,希望从中赚得更多的生活费。

他们找到的这位钢琴大师是伊格纳·帕德鲁斯基。帕德鲁斯基的经纪人便与两位年轻人洽谈,并提出大师的表演酬劳是2000美元。

虽然这笔钱对这位钢琴大师来说,是一个相当合理的演出价码,但是,对这两个年轻人来说却无疑是个大数目,如果他们收入不到2000美元,肯定是要亏本了。

最后,两个信心满怀的年轻人答应了,立刻开始拼命工作,直到音乐会圆满结束。但整理账目之后,发现只赚了1600美元。

第二天,两个人怀着忐忑不安的心情,来到钢琴大师的家。他们把1600美元全部给了帕德鲁斯基,还附了一张400美元的支票,承诺很快便会把400美元还清。

忽然,帕德鲁斯基挥手说:"不必了,孩子们。"

只见他把400美元的支票撕碎,接着把1600美元递给他们,并笑着说:"从这笔钱里扣除你们的生活费和学费吧!再从剩

下的钱里拿出 10% 作为你们的酬劳，其余的才归我。"

两个孩子感动地看着这位助人不求回报的钢琴大师。

经过多年之后，第一次世界大战结束，帕德鲁斯基当上了波兰的总理，经过战争的冲击，国内成千上万的饥民不断呼救。

身为总理的他，为了解决基本民生，四处奔波。于是，帕德鲁斯基找到美国食品与救济署的署长赫伯特·胡佛，恳请他伸出援手。

赫伯特·胡佛接到消息后，毫不犹豫地答应了。不久，上万吨食品运送到波兰，也让波兰饥民渡过了劫难。于是，帕德鲁斯基总理为了感谢赫伯特·胡佛，与他相约在巴黎见面，以亲自表达谢意。

见面时，赫伯特·胡佛说："不用谢谢我，因为我还要谢谢您呢！帕德鲁斯基总理，有件事您也许早就忘了，不过我却忘不了啊！还记得有一年，你帮助过两位穷大学生吗？其中一个受惠者就是我。"

感 悟

人生在世，谁都有需要帮助的时候。当别人需要帮助的时候，我们都应该伸出援助之手，并且不要求回报。帮助别人而不求回报的人，反而能够得到意料之外的更多的回馈。

看事物的价值，要看其内在的真正的价值

美国的一位逻辑学家和一位商人，结伴同去埃及旅游观光。

在休息的间隙，商人一个人上街。四处观望之际，他看见马路边的地摊上有一位老妇人，在叫卖一个漆成黑色的波斯猫玩具。

商人信步走到玩具跟前，问老妇人："这件艺术品卖多少钱？"

老妇人见是位有钱的外国游客，便介绍说："先生，这是一个祖传了八代的稀世珍品，只因为我丈夫现在病了，所以今

天才拿出来卖。你要有兴趣，就自己开个价吧！"

商人用职业的眼光打量着这只玩具猫：猫身漆黑，沉甸甸的似是铁或铅做成，最宝贵的大概数那镶在猫眼上的两颗大珍珠。

商人说："我花200美元买那两颗猫眼。"

老妇人忍痛割爱回答说："也罢。先生，你好事做到底，再花100美元把猫身也一起买去吧！"

"我只要珍珠。"商人把200美元扔给老妇人，拿走了猫眼上的两颗大珍珠。

商人回到宾馆，高兴地把自己的收获展示给逻辑学家看，说："瞧，这是我花了200美元买来的大珍珠，在纽约，这两颗珍珠少说值1000美元！"

逻辑学家瞧了瞧，发现商人手中的两颗珍珠果真是稀世珍宝。他详细地询问了商人的购买经过以及老妇人所在的位置，便急匆匆地走了。等他转回来的时候，逻辑学家手中多了个波斯猫玩具。

"瞧，这是你不要的猫身，我才花了90美元就把它买到手了。"逻辑学家高兴地说。

商人不屑地说："花90美元买堆废铁，我看傻瓜才会做。"

"你怎么就断定这猫身是铁做的呢？既然猫眼是用稀世珍宝做成的，那这猫身是稀世珍宝估计也错不了！"

逻辑学家说完，动手用刀刮去猫身上那层黑漆，果真露出了纯金的本色：这猫身竟是用纯金铸成的！商人后悔不已！

感悟

事物的真正价值不是表现在表面上的，而是潜藏在里面的。所以，在判断事物的价值时，不要只看到表面现象就武断地下定论，而应该看其内在的真正的价值。否则，往往会坐失良机，因小而失大。

可以在内心欣赏自己,但绝不可当众夸耀自己

秋天来了,树上的叶子一天比一天稀少,天气也逐渐凉下来。一只蝙蝠在飞来飞去,它哭着说冷。鸟中之王——鹰看见了它。

"你为什么哭啊,蝙蝠?"老鹰问道。

"因为我冷。"

"为什么别的鸟不哭呢?"

"它们不冷,因为它们都有羽毛。可是我连一根羽毛也没有。"

老鹰考虑了一下,觉得蝙蝠一片羽毛也没有,确实可怜,于是就让所有的鸟各给蝙蝠一片羽毛。

蝙蝠有了各种鸟儿的羽毛后,显得漂亮极了,每片羽毛颜色都不一样。蝙蝠把翅膀一张,真叫人眼花缭乱。蝙蝠因为有了这五彩缤纷的羽毛而骄傲起来,每天都盯着自己的羽毛,不理睬别的鸟儿。它老是欣赏着自己的羽毛,自我陶醉着:瞧我有多漂亮!

鸟儿都飞到它们的鸟王老鹰那里去,愤愤不平,向它告状说蝙蝠因为有别人给它的羽毛而自夸,跟别的鸟儿连话都不愿意说。老鹰把蝙蝠叫了来。

"所有的鸟都在告你的状,蝙蝠!"老鹰对它说,"听说你拿它们的羽毛来自夸,骄傲得连话都不愿同它们说了,是真的吗?"

蝙蝠说:"它们是出于妒忌说的,因为我比所有的鸟都漂亮得多。你瞧一瞧,自己判断吧!"

蝙蝠张开两扇翅膀,也的的确确很美丽。

"那么好吧!"老鹰说,"就让鸟儿们把原来给你的那片羽毛收回去,既然你这么漂亮,就用不着要别人的羽毛了。"

所有的鸟都扑向蝙蝠,把自己的那片羽毛取了回来。蝙蝠还跟原来一样光秃秃的,它感到羞耻,也感到自己太丑了。所以从那以后,它老是害羞,总是夜间才飞出来,免得别的鸟儿看见它。

感 悟

在内心欣赏自己，会使自己获得信心和力量，也会使自己获得快乐。但无论什么时候，都不要当众夸耀自己，这是一种缺乏修养的表现。当众夸耀自己，实际上是对自己的一种羞辱。